いちばん大事なこと

養老孟司
Yoro Takeshi

a pilot of wisdom

序　なぜ環境問題に口を出すのか

私はすでに六十五歳になった爺である。大学で講義はするが、実際には定年になっているから、常勤ではない。そのくせ一般向けに講演をすることも多い。そういうときは、肩書きを訊《き》かれる。ただのジジイですといっても、それでは世間は通らない。肩書きをどうしますかと追求される。だから解剖学者という肩書きにすることもある。むろんそんな肩書きは、私が使う以外には、世間のどこにもない。べつに肩書きはないよということを、解剖学者という表現にしただけである。

十年ほど前までは、東京大学医学部でいちおう解剖を専門にしていた。それなら「解剖学者」でも、まるっきり嘘というわけではない。でもいまでは解剖はしない。自分の家でいままでも解剖をしていたら、女房に追い出される。

講演に行くと、あろうことか、脳研究の第一人者という紹介を受けることもある。脳についてのテレビ番組に出たからだと思う。本当の第一人者がどこかで怒っているに違いないが、訂正はしない。そもそも私は脳科学者なんかではない。しかし本当の脳科学者とはなにか、そんなことをていねいに解説したところで、だれも聞いていない。ふつうの人には、どうだっていいことに違いないからである。

「それなら、あんたの本業はなんだ」。自分の本業は、ひょっとすると虫取りではないか。本人はなんとなくそう思っている。虫をとっても、金にはならない。虫をとってくれと、だれかに頼まれたわけでもない。要するに虫取りは、世のため人のためには、なんの役にも立たない。だからだれも「業」とは思ってくれない。それでも本人は、虫をとっているときだけは、他のことをまったく考えず、誠心誠意、ひたすら虫を追っている。私の人生から「純粋な」時間を取り出すと、ほとんど虫取りだけが残る。そんな気がする。

幼いときから虫に興味があった。その話を書けば際限がない。幼稚園のころ、家の前の横丁にしゃがんでいた。そこを母親が通った。三十分ほどあとに、また母親が通ると、同じところにまだしゃがんでいた。そこで母親が私に訊いた。

「なにをしているの」

「イヌの糞を見てる」

「なぜイヌの糞を見ているの」

オサムシの仲間のマイマイカブリ（写真／海野和男）

「虫が来てるから」
そういう問答があったらしい。本人は覚えていない。
小学生のころ、海岸の松林で、死んだイヌに群がる虫を見ていた。オオハネカクシとルリエンマムシがおびただしい数、集まっていた。いまではこんな虫はほとんど見ない。虫が徹底的に減ってしまったのだが、世間の人はそれにほとんど気づいていないであろう。虫は減るほどいい。おおかたの人は、そう思っているに違いない。
最近、嬉しいことがあった。朝起きて、自分の部屋に入ったら、床の上を大きな虫が歩いているではないか。マイマイカブリの立派な幼虫である。早速捕まえて、庭に放してやった。なぜか知らないが、私の部屋には虫がときどき入ってくる。部屋のなかで昆虫採集ができる。アオオサムシが這《は》っていたこともある。ツマグロカッコウムシが二匹、これまでに部屋でとれている。そんな虫は知らないって？　知っているほうが変なのです。

マイマイカブリには翅《はね》があるわけでなし、どこからか家に潜り込んで、私の部屋まで這ってきたに違いない。近頃野外ではマイマイカブリの成虫をまったく見かけていないし、そもそも餌のカタツムリをあまり見なくなった。だから市街地ではもう絶滅状態かと思っていた。

「そんなことありませんよ、私は元気ですよ」

虫がそれを知らせに来てくれたと、私は本気で思った。この精神状態がもう少し進行すると、病院に行く必要があるかもしれない。

虫をとるには、その虫がどう暮らしているか、つまり生態を知らなければならない。しかし、はじめからそんなものがわかるわけがない。生態なんか、知られていない虫のほうがはるかに多い。だからまず現場に行く。あとは出たとこ勝負である。それが面白くて、虫取りがやめられない。

なにかをするときには、だれでもまず情報を集める。虫取りもそうで、その道の人なら、「どこにどんな虫がいる」「あそこの森はいい、ここはダメ」といったことをよく知っている。それを聞くことは大切だが、それだけでは面白くない。そこにいることがわかっている虫を捕

まえたって、つまらない。たとえばベトナムに虫取りに行くというと、

「なにをとりに行くんですか」

と訊く人がある。

「それがわかっていたら、行かないよ」

意地悪な気分になって、私はそう答える。虫がほしいだけなら、現地の人に虫の写真を渡して一万円払ったら、何日もかけて、たくさんとってくれる。

じゃあ、なにしに行くんだ。その土地の気候、地形、植生など、さまざまなことを全身で把握する。そうとでもいうしかない。そうした「自然」のほんの一部が、そこに棲んでいる虫なのである。つまり私にとっての虫は、その虫が棲んでいる自然、文明が現れる以前に「本来そうであった」はずの世界の象徴なのである。たとえば長年同じ地域で虫を見ていれば、その場の自然がいかに変化したか、それもわかる。だから子どものころに遊んだマイマイカブリが出てくれれば、なんとも嬉しい。逆に、虫の専門雑誌に、横浜市内でルリエンマムシがとれたという報告が出ていたりすると、なんとも悲しい気分になる。そこにいて当然のものが、「いた、いた」ととりたてて報告されるほどに、いなくなってしまったということだからである。

じつはそれは私の部屋のマイマイカブリでも同じである。ひょっとすると、あれが鎌倉で最後のマイマイカブリだったかもしれない。『最後のモヒカン族』である。

「この世のなごりに、ひと目あんたに会いたいと思って。あんた方は私の先祖をさんざん殺してくれましたが、いまやとうとう一族全滅、私が最後の一頭です」

あのマイマイカブリは、そう告げようと思ってやってきたのかもしれない。

なぜ私がいわゆる環境問題に口を出すようになったか、これでおわかりいただけるのではないかと思う。私は環境の変化を肌で感じてきたし、大げさにいえば憂慮していた。しかし、それを「環境問題」という言葉で表現してはこなかった。そもそもそれについて、とりたてて発言したことも、するつもりもなかった。私は世直しのために生まれてきたとは思っていない。

ところがたまたま二〇〇一年、環境省から依頼を受けて「二一世紀『環《わ》の国』づくり会議」の委員になった。三月から七月まで五回の会議があり、他の九人の委員の方々とともに、最初は森首相、後に小泉首相、関係閣僚を交えた議論の場に、委員として出席させていただいた。

成果はともかく、こうした会議が開かれること自体、環境が重要だという姿勢を国が示しているのである。それは大切なことだと思ったから、およそ皆さんのお役には立たないだろうと思いつつ、それでも喜んで出席することにした。私はこういう会議に喜んで出席することはまずない。仏頂面をして、ただ座っているのがふつうである。でも環境の話はべつだ。本音でそう思っていた。

会議に出たおかげで、環境問題のとらえ方に対する、世間の常識が少しわかってきた。我流の思いに、多くの人と共通したり、違っている面があることを、意識する機会にもなった。そこへ今回の企画、つまり環境問題についての新書を書けという話がきた。それなら自分流の環境論を展開してみようか。それにはしかし、あまりにも勉強不足である。歳も歳だし、日暮れて道遠しの感が強い。それはそれで、もはやあきらめるしかない。

もしかすると、あのマイマイカブリが、私になにかを託したのかもしれない。そんなことを、ふと思った。ユダヤ人は自分たちを神に選ばれた人たちだと思っていたらしい。私は虫に選ばれたのかもしれない。神と虫では、えらい違いだが、ともあれ選ばれたとすれば、名誉なことである。どちらかといえば、私は神より虫に選ばれたい。そう思って、この本を書いた。

その意味では、これはマイマイカブリが書いた本なのである。

目次

本文組　アイ・デプト．

第一章　虫も自然、人体も自然

虫がきっかけ

虫取りの興味は、どんな虫がどんなところでとれたか、そこにはじまる。チョウやクワガタ、カブトムシなら、いまは飼う人も多い。チョウは飼ったほうが、翅が壊れていない標本がとれる。カブトやクワガタなら、最近は飼い方が進歩して、野外で見るより立派な個体や、違う体型のものが育てられる。しかし、まずは虫を捕まえ、標本にして保存する。野外でとった虫を傷つかないようにその場で殺し、持ち帰ってから、脚や触角を整えて乾燥させる。大きな虫なら針に刺し、発泡スチロール板を利用して、その上で脚や触角を伸ばす。しばらく置けば乾いて、その形で固まる。小さな虫なら紙にノリで貼り付ける。細かい点を説明すると、面倒なことになるから、それ以上はいわない。

その際、いつどこでとった虫か、それを記録することがきわめて重要である。これだけ虫好きの私でも、十年前にとった虫の標本を見て、どこでとったか、思い出さないことのほうが多い。まして記録がなければ、他人にわかるはずがない。この記録のデータ化も問題だが、なにより大きな問題は標本の保存である。

日本にはアマチュアの昆虫採集家が多い。いまではおそらく世界一であろう。その標本は、当然個人の手元にある。個人が標本を所有していても、本人が生きているあいだは問題が少ない。虫に食われないように、カビが生えないように、ともあれ当人が管理しているからである。採集した本人は虫の一頭一頭に思い入れがあるから、標本を大切にする。ちなみに昆虫を一頭、二頭と数えるのは、頭のある生物に共通の数え方らしい。

ところが本人が亡くなると、話が面倒になる。標本が雲散霧消することもよくある。虫に関心のない遺族にとっては、虫自体になんの価値もない。しかも保存にはそれなりの場所と手間が必要である。大切な標本だろうと思っても、確信がない。なんとなく放置して虫に食われ、かびるのにまかせる。とにかく日本はカビがよく生える国である。かといって、そうした標本を確実に受け入れてくれる施設があるわけではない。

環境省に出入りするようになったのは、この問題をめぐってのやりとりがあったからである。数年前に環境省から相談があった。ある県の第三セクターがホテル型の施設をつくったものの、バブルの崩壊で当初の利用計画が頓挫した。なにか環境がらみで有効な利用法はないか。その相談だった。右に述べたような問題意識がいつもあったから、標本を保管、展示する施設にしてはどうかと私は提案した。さまざまな標本を、国として保管する体制が必要だろうと説明した。

私の中学校時代の恩師に、井上寛先生がおられる。当時横須賀市にあった栄光学園で、英語

ロンドン、自然史博物館のセントラル・ホール（写真／JTBフォト）

の先生をされていた。のちに大学に移られた。じつはガの専門家で、大量の標本をお持ちだった。しかし高齢になられ、標本の管理ができないとなったとき、その標本は英国の自然史博物館 The Natural History Museum にわたったのである。

日本ではできないことが、英国では簡単に実行されている。そのときはそう思った。ところが環境省の依頼もあって、二〇〇一年八月、実際にロンドンの自然史博物館を訪れたところ、事情は思ったほど簡単ではなかった。自然史博物館でさえ、虫の標本をこれ以上は受け入れられないという事態になっていたのである。標本を単に保管しておくだけで、一頭あたりの維持費用が日本円で年に十円程度かかるという。そうした費用の問題から、自然史博物館は「現地主義」をとるようになっていた。つまりアマゾンならアマゾンの標本を研究のために必要な時点では受け入れるが、研究が終わったらアマゾンに返す、という方式である。それなら日本のものは日本で管理する、それが当然ということになる。他人をアテにしても、ダメである。

標本の保存なんて、虫に興味のない一般人には関係がない。「自分になんの関係がある」。多くの人はそう思うに違いない。しかし、すでに述べたように、人間がつくり出したものではない自然、いわばその代表が虫だと私は思っている。とにかく種類が多い。正確な数は把握されていないが、研究者によって、三百万から三千万種という概算をしている。要するにやたらに種類が多い。しかも、信じられないような形態や生態の豊かさを示す。種類が多いこと、形や生き方がじつにさまざまであること、これらをまとめて生物多様性という。虫はその典型なのである。

だから、環境省から相談を受けたとき、その施設を使って虫の標本を保管し、お金がないなら、人体をいっしょに展示したらいいという話もした。もちろん、他の動物を含めてもいい。虫も、動物も、われわれ人間の体も、多様な自然の一部だからである。残念ながら、その建物は取り壊されてしまったはずである。壊したほうが結局は安くつくということだったと思う。

環境問題こそ最大の政治問題

標本の話をすると、話が長くなる。ともあれそんないきさつがあって、環境省とつながりができた。それから「二一世紀『環《わ》の国』づくり会議」の委員となった。そこでいわゆる「環境問題」とはなにか、あらためてそれを考えることになった。環境問題のむずかしさは、なにが問題なのか、きちんと説明するのがむずかしいことにある。それは、人間とはなにか、生きるとはどういうことか、世界とはどういうところか、そうしたきわめて基本的なものの見方と関係している。そんな大問題から説き起こしたら、この忙しいご時世に、だれも話を聞かないであろう。まして会議の席で、そんな演説をする暇などない。「そんな悠長な話が聞いていられるか」。だれだってそう思う。

だから結論を先にいう。環境問題こそが最大の政治問題だ。私はそう思っている。永田町という政治の世界でなら、構造改革やデフレが大問題かもしれない。しかしそういった事柄は、環境問題に比べれば、さざ波のようなものともいえる。世界を揺るがせたと称する二〇〇一年の同時多発テロ事件も、何十年も続く中東紛争も、環境問題の前には、その場限りの雑音にすぎない。千年とはいわないが、このままで百年後に人間が生き延びていけるのか。そういう環

21世紀『環の国』づくり会議

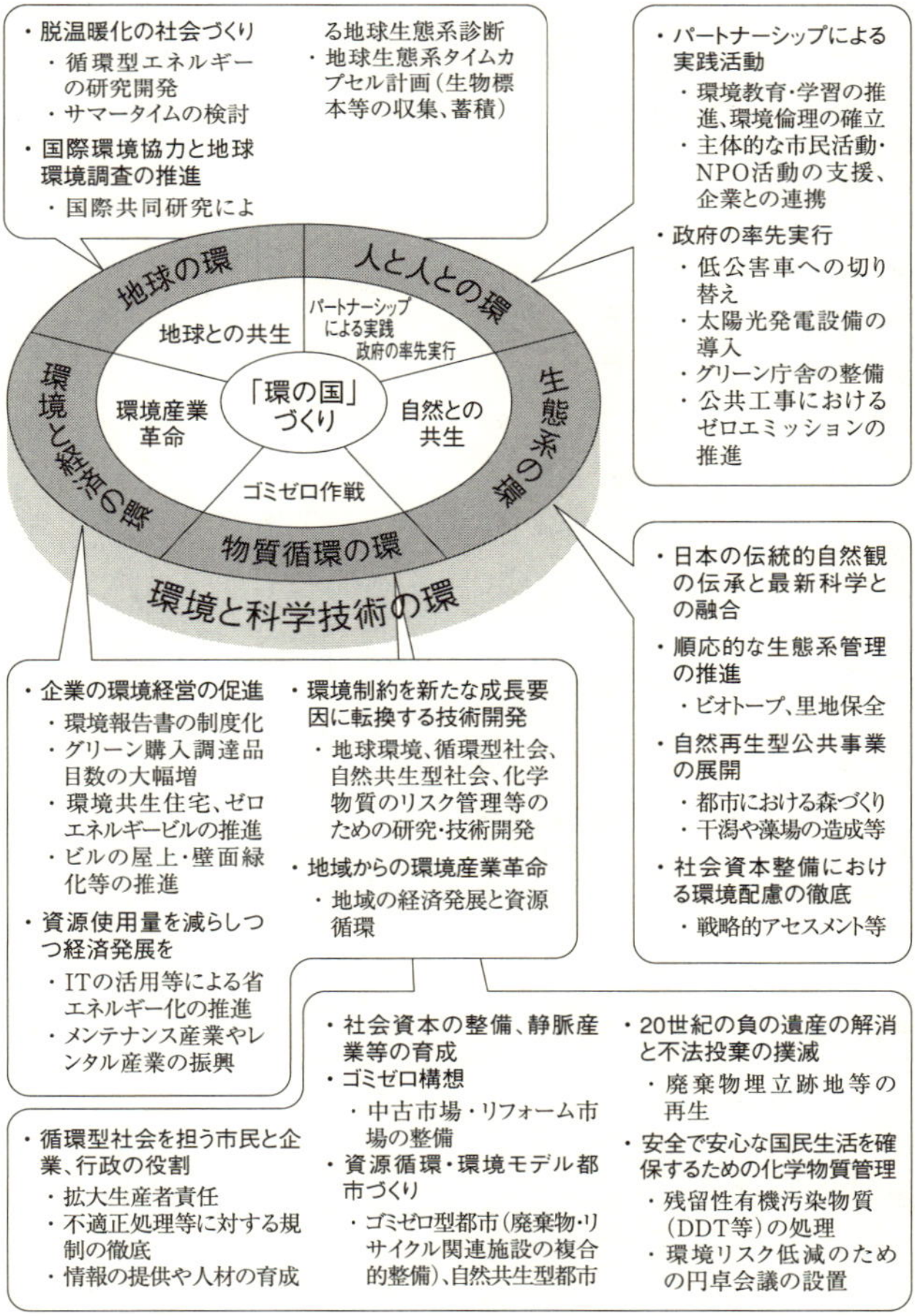
・脱温暖化の社会づくり
・循環型エネルギーの研究開発
・サマータイムの検討
・国際環境協力と地球環境調査の推進
・国際共同研究による地球生態系診断
・地球生態系タイムカプセル計画（生物標本等の収集、蓄積）
・パートナーシップによる実践活動
・環境教育・学習の推進、環境倫理の確立
・主体的な市民活動・NPO活動の支援、企業との連携
・政府の率先実行
・低公害車への切り替え
・太陽光発電設備の導入
・グリーン庁舎の整備
・公共工事におけるゼロエミッションの推進
地球の環
人と人との環
生態系の環
物質循環の環
環境と経済の環
環境と科学技術の環
地球との共生
パートナーシップによる実践
政府の率先実行
自然との共生
ゴミゼロ作戦
環境産業革命
「環の国」づくり
・日本の伝統的自然観の伝承と最新科学との融合
・順応的な生態系管理の推進
・ビオトープ、里地保全
・自然再生型公共事業の展開
・都市における森づくり
・干潟や藻場の造成等
・社会資本整備における環境配慮の徹底
・戦略的アセスメント等
・企業の環境経営の促進
・環境報告書の制度化
・グリーン購入調達品目数の大幅増
・環境共生住宅、ゼロエネルギービルの推進
・ビルの屋上・壁面緑化等の推進
・資源使用量を減らしつつ経済発展を
・ITの活用等による省エネルギー化の推進
・メンテナンス産業やレンタル産業の振興
・環境制約を新たな成長要因に転換する技術開発
・地球環境、循環型社会、自然共生型社会、化学物質のリスク管理等のための研究・技術開発
・地域からの環境産業革命
・地域の経済発展と資源循環
・循環型社会を担う市民と企業、行政の役割
・拡大生産者責任
・不適正処理等に対する規制の徹底
・情報の提供や人材の育成
・社会資本の整備、静脈産業等の育成
・ゴミゼロ構想
・中古市場・リフォーム市場の整備
・資源循環・環境モデル都市づくり
・ゴミゼロ型都市（廃棄物・リサイクル関連施設の複合的整備）、自然共生型都市
・20世紀の負の遺産の解消と不法投棄の撲滅
・廃棄物埋立跡地等の再生
・安全で安心な国民生活を確保するための化学物質管理
・残留性有機汚染物質（DDT等）の処理
・環境リスク低減のための円卓会議の設置

内閣官房「21世紀『環の国』づくり会議」報告書より作成

境問題こそ、真の政治問題だと思う。いいかえれば、環境問題が政治の真の基準、モノサシなのである。

むろん一般には、そういうとらえられ方はしていない。

「政治の基準とは、俺の利害だ」

そういったほうが、はるかにとおりがいいであろう。これならだれにでも当てはまりそうだからである。よくいわれることだが、環境は目前の問題ではないだけに、実感するのがむずかしい。地球上に生命が誕生してから三十五億年経つが、三十五億円だって実感がない。それが年という時間の単位になったのでは、もうお手上げである。勤めていた会社がつぶれた、老いた親の介護をすることになったといった、当面切実な問題があれば、それが人の心の多くを占める。政治もそうした問題への対応に追われる。

しかし他方では、三十五億年という途方もない年月を経てつくり上げられてきた環境を、人間が急激に変えていることも事実である。このような変化が積み重ねられたら、百年後に環境はどうなっているだろうか。居ても立ってもいられない。少し想像力を働かせれば、そう思う人もいるに違いない。おかげで「環境原理主義」まで生じる。温暖化ガスの排出抑制をさておいて、戦争をしている場合か。そう思う人もあるかもしれない。

とはいっても、自家用車やタクシーを絶対に利用しないとか、家の中でこまめに照明を消して歩くといった「地球環境にやさしい生活」に、私は励んではいない。そういったことを意識していないとはいわないが、もう少し大きく方向を変えないことには、どうにもならないだろうと思っている。常識を変える、考え方を変える。そのことは、もう少していねいに説明する必要があろう。

「そういうことは、環境省にまかせておけばいいんじゃないの。そのために役所があるんだから」

それがフツーの市民の感覚かもしれない。

「毎日、仕事で忙しいんだから。そんな大げさなこと、考えてられないよ」

常識や考え方を変えるというのは、根本ではそのことが関係している。ふつうの市民の感覚が変わらないことには、どうにもならないのである。「フツーの常識」でみんながやってきたら、現状はこうなってしまった。それがいわゆる「環境問題」だからである。そうした常識を変えるのは、容易なことではない。世の中が「ひとりでに」よいほうに動くようにしなければならないのだが、どうすればそうなるかというなら、みんなの考え方が変わるしかないのである。日常の話だから、一つ一つの細かいことを、いまあれこれ指図してもはじまらない。

環境省にはじつは二つの顔がある。環境省の前身である環境庁は、一九七一年、厚生省や通商産業省などから分かれてできた。もともといわゆる公害問題に対処するという動機があったからである。その際、国立公園の管理といった自然保護に直結する業務も、厚生省から環境庁に移された。そのため環境省の役人には、自然に関心の強い人と、人間の暮らしに直接に関わることに関心の強い人とがいる。環境問題には、自然に関する面と人間社会に関する面という二つの側面があり、「環境問題に取り組む」と一口にいっても、どちらに重点があるかによって、考え方や常識が違ってくる。

この話はじつは環境省の役人に限らない。現在、環境問題に取り組む人たちの態度は、その意味で二つに分かれている。一方は、環境に配慮しながら、自分たちの住んでいる状況なり生活なりをどう変えていくべきか、それを主に考える人たちである。つまり、ゴミ問題、車の騒音や排ガスの問題、土地開発の問題などのさまざまな問題を「解決」するには、自分たちはどうしたらよいか、その「対策」を編み出そうとする立場である。環境問題の関係者のうち、この立場に立つ人がおそらく八割ぐらいかと思う。ここではまさに環境問題が政治のモノサシになっている。ただしこの立場には、人間の生活が根本にある。毎日の生活のなかで、二酸化炭素をなるべく出さないようにと心がける人たちから、「環境対策の経済効果」を期待する財務省まで、考え方にはかなりの幅があるが、人間の生活が中心だという点は共通している。

残りの二割は「純粋環境派」とでも呼ぶべき立場の人たちである。ともかく自然環境は大切だから、維持しなければならないと考える。「純粋環境派」の極致ともいえるのがアメリカ型の「自然」の定義で、人間がいっさい手をつけていない環境が自然だという。こういう極端な議論が出てくる背景には、キリスト教の人間中心主義があると思う。人間とそれ以外のものとのあいだを切ってしまっているからである。「人間がいっさい手をつけないものが自然である」という定義の裏側には、それ以外の自然環境は、人間の都合で改変してよいという意識が潜んでいる。

「人間」対「環境」がそもそもの間違い

右のように、環境問題への対応は「自然環境」対「人間社会」という図式でとらえられがちである。しかし、この図式が環境問題の見方を歪め、方向を見えにくくしてきたと思う。

こういう図式があるから、「人間だって自然でしょう」という人がある。そのとおりだが、その先を考える必要がある。それなら人工とはなにか。すべての人工物は、自然である人がつくったんだから、それも自然だ。ここまでいけば、屁理屈であろう。

人工とは、人間の意識がつくり出したものをいう。都市はその典型である。都会には、人間のつくらなかったものは置かれていない。樹木ですら都会では人間が「考えて」植える。草が「勝手に」生えると、それを「雑草」というのである。

他方、人間の体は自然に属している。身体は意識的につくったものではないからである。自分の身体がどんな形になっていようと、それは自分のせいではない。まさに自然のなせるわざなのである。

自分の身体が人工ではないということを、都市社会ではできるだけ「意識させない」。だから黒い髪は染め、唇は赤くし、爪は切り、ひげは剃り、裸では暮らさず、服は始終取り替える。そうしていれば、身体はなんとなく意識の思うようになると思えるからであろう。もっと徹底して、美容整形でもすれば、身体は人工だという印象はさらに強くなる。つまりこれは環境問題であろう。身体という自然を、意識が思うようにできると思っているからである。

それなら意識とはなにか。ヒトの脳でとくに発達した働きである。その働きが言葉を操り、都市をつくり出し、いわゆる近代社会をつくる。遺伝子からすれば、ヒトとほとんど違わないチンパンジーは、そのどれもやらない。脳が小さいからである。つまり環境問題を個人に戻せば、それは心と身体の対立という、たいへん古典的な問題に戻る。意識とはつまり心だからである。環境問題を追求していくと、原理的には自分の心身の問題に戻る。

身体が自然だという説明をしよう。われわれの身体は、じつは生態系である。なにしろ一億以上の生物が棲みついているといわれるからである。消化管のなかには、大腸菌をはじめとして、じつに多くの細菌が棲んでいる。食物といっしょに外から入ってくるから、そんなものは嫌いだといっても、どうにもならない。腸内細菌叢《さいきんそう》、つまり腸内の生態系のバランスが崩れると、たいていの人は腹の具合が悪いという。腹の具合が悪いのは、その意味では、かならずしも「自分のこと」ではない。腸内に棲む生物仲間のこと、つまり環境問題なのである。人間は一人で生まれて、一人で死ぬ。ときどきそう威張る人があるが、生物学的にはそれは間違いである。意識がそういっているだけである。死んだ人を火葬すれば、じつは一億玉砕である。消化管に限らない。気道にもさまざまな生きものが棲んでいる。エイズになると、それが原因となって、肺炎を起こしたりする。しかし都会の人は日常それを「実感」してはいないはずである。身体はその意味では意識されないからである。

それればかりではない。去年の今日という日を考えてみよう。その日、私たちの身体は、今年の今日と同じように、七割近く水でできていたはずである。それじゃあ、去年身体に入っていた水で、今年の今日まで残っているのは、何割あるか。ほとんど残っていない。この一年で、自分が何トンの水を飲んだか、よく考えてみればいいのである。身体は川と同じである。川はいつでもそこにあるが、水はたえず入れ替わっている。

水は入れ替わるにしても、堅い部分は違うでしょうが。残念でした。それもどんどん入れ替わる。小腸の表面を覆う上皮は、人体でいちばん入れ替わりが早い。三日で入れ替わってしまうのである。物質的にいうなら、去年の私と今年の私は、ほとんど別物である。意識はそんなことはいっさいいわない。去年の私も、今年の私も、「同じ私」だという。身体については、意識はほとんどデタラメの嘘をいうのである。

自分を川だという実感で暮らす人が、世界にどれだけいるか。自分は生態系だと思っている人が、どれだけいるだろうか。そういう人たちに、環境問題を説くむずかしさは、十分におわかりいただけるのではないだろうか。自分の身体であるのに、その見方がこれだけ実際と違っているのでは、身体は自然だといわれたって、なにを変なことをいう、とふつうは思うに違いないのである。環境とはあっちの話だと思っている。そういう人が多いはずである。あっちではない。じつはこっちなのである。

ふつうに自然というとき、それは人体ではない、外の自然を指している。しかし、それは身体を考慮からはずしていいということではない。内なる自然もまた、立派な自然である。その意味でこそ、「人間は自然」なのである。

一方、地球上であれば、人間がいっさい手をつけない「外の自然」などありえない。仮にあったとしても、人間と関わり合いをもたない自然は、人間にとっては存在しないのと同じである。逆に、人間が自然の一部である以上、生きているだけでも自然に影響を与えているに違いない。つまり人間対自然という図式は成り立たないのである。

それじゃあどうなっているのか。自然と対立するものとしてとらえられている人間とは、現代の人間、つまり都市社会の人である。アマゾンの奥地で裸で暮らしている人たちが、人間対自然などと考えているわけではなかろう。そこでは自然のなかに人間がすっぽり埋まっているからである。対立しているのは、じつはヒトの脳の代表的な働きである意識と、意識がつくり出したものではない自然である。個人についていうなら、意識と身体が対立しているのである。典型的な例を挙げよう。生死は体のこと、つまり自然だから、われわれは自分がいつ、どのように死ぬか、それを知らない。ところが意識はそれが気に入らない。だから死ぬのはイヤだといい、怖いというのである。いくら意識がそう思っても、いずれはだれでも死ぬことは、大丈夫、保証する。人間であることの死亡率は、一〇〇パーセントなのである。

自然と人工が対立するものとなり、世界が二つに分かれるようになったのは、都市化が進んだためである。私が子どもだったころの日本人は、自然の側と社会の側を上手に行き来していた。そもそも「環境」なんて言葉は使わなかった。人間の暮らしというのは、もともとそういうものだったし、日本人の暮らしはとくに自然と人工を自由に行き来する傾向が強かった。人口の過半数が田畑を耕して農作物をつくっていた時代、つまり私が生まれた昭和十年代ころまでは、いやでも自然につきあわされていたから、自然と人間社会を往復する必要性も、往復するときの加減もよくわかっていたのである。

田畑を自分の思いどおりにしようとしても、なかなかそうはいかない。自然という相手の都合がある。戦前の東北なら、働きのよし悪しに関係なく、ヤマセが吹く年には冷害に悩むことになる。こうした経験を通じて、日本人は自然という相手について学んでいたのである。そこから「手入れ」という思想が生まれてきた。このあたりの感覚は、西欧とも中国とも違う。繊細な自然に育まれた独自の日本文化がそれによって生じた。

いまでも自然の側へ行ったり、人間社会の側へ戻ったり、両者のあいだで動いている人がもちろんいる。たとえば登山家の野口健さんは、ボランティアでエベレストの清掃活動をしている。その報告によれば、テント、酸素ボンベ、電池、空き缶やラーメンの袋、漫画の本などがエベレストでも放置されているという。酸素ボンベの放置が発覚すれば罰金が科せられるそうだが、それでもボンベを放置する登山隊はあとを絶たないらしい。エベレストという大自然に挑む登山隊が自然保護に配慮していないというのは皮肉な話である。野口さんの心情を私なりに解釈すれば、人間が自然と関わってしまった以上、その自然と行き来して、自分なりに面倒を見なくてはという意識が根底にあるのだと思う。過激な「純粋環境派」の人たちなら、エベレストの環境を維持するためには、登山を禁止すればいいというかもしれない。

野口さんのような立場にせよ、純粋環境派の立場にせよ、対象がエベレストなら、自然環境を守るということの意味が見えやすい。しかし、これだけ都市化の進んだ日本では、「自然環境を維持することが大切だ」といわれても、どうしたらよいのかわからない人が大多数だろう。

この「わからない」ということ自体が、すでに人間が都市化したことを示している。人工の環境で暮らしているから、自然環境の維持がどういうことなのか、わからなくても生きていける。昔は、「わからない」ではすまなかった。田畑を耕していたときには、イナゴという自然がわからなければ、米はつくれなかった。その辺の感覚がおよそ変わってしまったのである。

古典的な対立が「人間対環境」であるなら、ここでの私の立場は、それとはいわば九〇度、直角に話がずれている。私の見方は意識対身体、都市対自然ということである。意識と都市は同じもので、身体と外の自然は同じものである。話が一八〇度ずれたら対立だが、九〇度ずれると、わからないといわれてしまう。x軸の上では、y軸上の点はすべてゼロでしかない。だから私の話はいわば無視されるのである。ゼロを論じることはできないからである。

原因は一つではない

人間の体は自然に属している。右に述べたように、どれほどの人がそれを実感しているだろうか。「人工」とは意識がつくり出したもので、「自然」とは意識がつくらなかった世界である。自分の体は、意識がつくり出したものではなく、勝手にできたものだから自然に属する。それをいちばん端的に表しているのは、人間には自分の告別式がいつ来るかがわからない、ということである。

意識がつくり出した世界、頭で考えてつくった世界を、私は「脳化社会」と呼んでいる。具体的には都市のことである。自然がつくった人間の体と、脳化社会はあちこちで矛盾する。そのことを二十年ぐらい言い続けているが、十分には理解してもらえていないと思う。たいていの人は、中年になって突然、体の心配をはじめ、健康にいいといわれるものを次々に試すようになる。自分の体が自然に属することをずっと忘れていて、中年になって急に気がつき、あわてだす。ふだんは田畑の面倒をみていなかった人が、突然面倒をみはじめるようなもので、まあ、間に合うわけがない。これも広義の環境問題であろう。人体という自然をめぐる話だからである。

身体を自然の一部だと認めることは、ふつうにはむずかしいことらしい。結核が治せるようになったのは、ストレプトマイシンなどの抗生物質が開発され、それがよく効いたからだとされる。薬を開発したのは意識だから、薬はつまり人工である。しかし、イギリスに疫学的なデータをていねいにとった研究者がいて、それによると、抗生物質が開発されるより前から、結核患者数はどんどん減っていたという。このデータに従えば、結核患者の減少には、抗生物質よりも、社会経済構造が変化し、生活状態が向上した効果が大きく効いたことになる。まだ有効な薬がない時代、日本でも結核の治療は、大気、安静、栄養だといわれていた。

ではなぜ「抗生物質で結核が治った」と説明されるのか。そこには、都会人の価値観がよく現れている。積極的に薬を投与したら、結核が治った。その考え方のほうを、近代人は好む。体を取り巻く状況をよくしてやったら、病気が「ひとりでによくなった」という話は、あまり好かれない。自分のおかげでよくなったと、意識が威張れない。そう思うせいかもしれない。なにかをしたから、おかげでこういう結果になった。こう考えたがる人間の性向を、私は「あすれば、こうなる」型の思考と呼ぶ。じつはこれが、脳化社会の基本思想である。

「ああすれば、こうなる」という図式は、とくに人間の体を含めた自然の問題には当てはまらないことが多い。自然はそれほど単純にはできていないからである。一般の人は、病気というと決まった原因があり、その結果ある症状が起こり、極端な場合には死ぬと考えていると思う。しかし、ある症状が起こってくる原因は、じつは無数にある可能性がある。

たとえば、サリドマイド・ベビーのような症状は、母親が妊娠中にサリドマイドを服用した場合にだけ、生じるわけではない。なぜならこうした症例は、まれではあるが、サリドマイド以前から知られていたからである。遺伝子の組み合わせによっては、なにもしなくても、こうした症状が現れるはずである。この病気はアザラシ肢症と呼ばれるが、アザラシのゲノムなら、これは異常ではないわけである。発生とは、複数の因子が次々に連なって働く一つの経路とみることもできる。そのあいだに働くたくさんの因子のどれに影響があっても、最終結果は同じ

「異常」になるかもしれない。

自然、とくに生きものを見ていれば、なにかが起こる原因は、かならずしも単一ではないと納得するはずである。現代人はそういう考え方が辛抱できないらしい。だから事故が起こったときにも、だれが悪いとか、どこが悪いというふうに、一つの原因に帰結させようとする。ただし、さすがに最近では、飛行機事故でも複合要因ということがいわれ、簡単には原因が特定できないことが認識されるようになってきた。医療ミスの場合も、いくつかの別々の要因が思いがけない形で重なったときに、大事故が起こる。

横浜市立大学病院で手術する患者を取り違えるという事件があった。このときも、いくつかの要因が重なっていた。一人の看護婦が一人の患者を搬送するというのが基本であったのに、エレベーターのところで、別の看護婦に患者さんを預けたことが一つ。その看護婦が預かった患者さんと、自分が運んでいた患者さんの名前が誤って伝わったことが一つ。さらには、手術をした医師が患者さんの顔をよく見ておらず、別人であることに気づかなかったことがもう一つ。一つだけなら、むろん事故にならずにすんだはずのことが、次々に重なったために、常識はずれの結果になったのである。ここでも一つの結果にたくさんの要因が働いていたということは、おわかりいただけるであろう。

人間が理性的だと信じているやり方、つまり「ああすれば、こうなる」という考え方は現代社会の基本常識だが、じつは根本的に問題を抱えている。そのことを、だれでも知っているべきだと思う。もちろん都市社会はそれが成り立つようにつくってあるのだから、ふつうはそのやり方でうまくいく場合が多い。しかしそうならない可能性はつねにある。自然のなかでは、むしろそうならないのがふつうである。「柳の下にドジョウがいるとは限らない」のである。

「ああすれば、こうなる」式の思考がはびこるようになったのは、人間が自然とつきあわなくなったからである。自然はたくさんの要素が絡み合う複雑なシステムである。だから、自然に本気でつきあっていれば、「ああすれば、こうなる」が通らないことが体験できる。でも人工環境では、そのことに気づかない。教わる機会を逸するからである。人工環境とは、むしろ「ああすれば、こうなる」が成り立つ世界のことなのである。そうなるように人間が、つまり意識が都市をつくったのだから、それで当然である。むろん都市の外、つまり自然に対しては、それが成り立つ保証はない。

「ああすれば、こうなる」とは、なんのことだろうか。これをシミュレーションというのである。頭のなかで、こうすればああなる、ああすればこうなると、現実のシミュレーションをする。結果が都合がよければ、それをとる。つまり「ああする」のである。都合が悪ければ、別なふうに、つまり「こうする」。コンピューターができてからは、これを機械にやらせるようになった。そこから発見されたのが「カオス」である。カオスでは、「ああすれば、こうなる」ことが理論的にはすべてわかるのだが、実際に起こることが、そのうちのどれになるか、それが決められない。大筋を決める初期条件が、微妙すぎるからである。

「最初の条件がこうであれば、結果はこうなります。その計算なら、もうきちんとできてます。しかし最初の条件が百万分の一でも違うと、まったく違うほうの結果になります」

そういう予想をされたら、予想できないのと似たことになる。初期条件をそこまで詳細に決めることは不可能だからである。生きものにはカオスが含まれているし、脳のなかにすら、カオスがあることはわかっている。つまり「ああすれば、こうなる」は、つねに部分的にしか成り立たないのである。

なにも起こらないことはすばらしい

脳化社会つまり現代社会では、人間がすべてを計算できると、無意識に考える。「ああすれば、こうなる」と、すべてを単純化してとらえることができれば、ずいぶん楽だからである。しかしそれは、進化の最後に登場した新参者である人間の意識が、そう思いたがっているだけのことである。われわれを取り巻く世界はもっと複雑であり、人間が起こしたことがどう転がっていくか、かならずしも予測がつかない。新参者である脳は、そんな複雑さをとらえきれず、予測のつかなさを許容することもできなければ、それに備えておくこともおぼつかない。われわれはそのことを十分に知っておく必要がある。

ニューヨークの貿易センタービル崩壊事件が、将来の歴史の教科書に載ることは間違いないだろう。歴史の教科書には、有史以来の「大事件」が山ほど取り上げられている。歴史の特色は、歴史が「起こったこと」の連続として書かれていることである。しかし、人間の毎日の活動の集積が歴史だとすれば、歴史の大部分は「起こったこと」の裏にある「なにも起こらなかったこと」で埋め尽くされていることに気づく。われわれの日常生活を考えれば、事件などほとんど起こらない。もっといえば、われわれは毎日、「事件」が起こらないように注意して生活している。車を運転するときには人にぶつけないように、料理するときには包丁で手を切らないように、それで当たり前であろう。そう考えると、歴史の教科書の書き方はきわめておかしいという気がしてくる。

もちろん、「なにも起こらなかったこと」をつなげても、歴史は書けないであろう。しかし「起こったこと」だけをつないだ歴史は、なにかが起こらないようにするために日常的に払われている努力を無視している。その意味では、現実を誤解させる恐れが強い。ともあれ人間は「起こったこと」のほうを好む。ジャーナリズムをみれば、それがわかるであろう。歴史とジャーナリズムは、できごとの連続として世界をみる点で、根本的に似たもの同士である。なにかが起こらないようにすることは、意外に大きな努力がいる。それが地味な努力ということである。歴史もジャーナリズムも、それを基本的に評価しない点で共通している。

医学の領域でも、これと同じように、予防医学は二の次、三の次におかれる。手術や投薬で病気が治れば、医者は感謝される。「起こらなかった」病気に、治療費を払う患者はいない。やったことに対する報酬で成り立つ世界、つまり経済中心の世界のおかしさは、そこにある。そこでは予防に人気がないのは当然である。なにかが起こらないようにするための努力が大切だと気づくのは、なにかが起こってしまってからである。医者の忠告を無視して病気になれば、あのときいうことを聞いておけばよかったと思う。BSE（牛海綿状脳症、いわゆる狂牛病）の牛が出たとわかってから、飼料の原料をきちんと管理しておくべきだったという話になる。バブル期にマネーゲームに手を出して損をした企業は、本業だけに精を出していた企業をうらやむ。

環境問題は典型的な予防問題なのである。DDTはノーベル賞まで受けた大発明で、殺虫剤として一世を風靡《ふうび》した。害虫を駆除する効果は劇的であり、DDTを散布すれば清潔になると皆が信じた。日本には戦後入ってきて、昭和三十年代にさかんに散布された。髪についたシラミをとるために、頭にDDTを振りかけたという話はよく知られている。しかしそのころ、東大の伝染病研究所にいた佐々学教授は、すでにDDTの皮肉な作用に気づいていた。四国のある町で、ＤＤＴを徹底的に撒いて、ハエとカを駆除したところ、翌年ハエとカは戻ってきたが、トンボもチョウも含めて、他の虫はほとんどいなくなったという。

その後、残留したＤＤＴが大きな環境問題となった。この物質は自然界で「自然に」分解されることがない。だからいつまでも環境に残留する。生態系の食物連鎖を通じて、それが生物の体内に蓄積され、濃縮される。その結果、たとえば卵の殻が薄くなり、鳥がいなくなった。レイチェル・カーソンの『沈黙の春』（新潮文庫）という著書によって、ＤＤＴによる環境破壊は周知の事実となった。除去のためにはたいへんなコストがかかるとされている。戦争中はＤＤＴなどなかったから、シラミは一匹ずつ手で取り除いていた。シラミは発疹チフスを媒介する。ＤＤＴは発疹チフスの予防になったが、最終的な功罪をいうなら、マイナスであろう。だから製造も使用も禁止になった。チフスと無関係のところでも、大量に使われるようになったからである。ＤＤＴ散布に限らず、目先の「ああすれば、こうなる」で行われたことが、長期的にはマイナスとなった例はいくらでもある。

環境問題がこれだけ深刻化しているこの時期になっても、「ああすれば、こうなる」式で問題を解決しようと考える人はあとを絶たない。この発想から逃れられないのは、先に述べたように、なにかが起こらないようにすること、あるいはただ放置しておくことの経済効果を、意識的には計算できないためだろうと思う。経済活動とはまさに「活動」だから、そのためにはかならずなにかを「する」ことになる。「起こったこと」を好む人間の性癖とあいまって、おかげで「なにかをしよう」という癖がついてしまう。それを「積極性が高い」などと誉めるから、ますます悪い。性行動に積極性が高い人を、スケベという。環境問題や経済活動についても、そういう表現があればいいのである。

なにもしないためには、どうすればいいか。違うことをすればいいのである。人間がなにかをしなければならないように生まれついた生きものだとすれば、環境を破壊するような活動ではない活動をすればいい。それが文化であり、虫取りであろう。これも行きすぎれば環境破壊になるかもしれないが。

経済と環境の関係は

いまではメダカが絶滅危惧種になっている。田んぼの側溝をコンクリートにしたためである。この事業は、日本住血吸虫の被害を防ぐことを目的としてはじまった。住血吸虫は扁形動物の一種で、農業用水に棲むミヤイリガイを中間宿主としている。吸虫の子虫は皮膚などから人間や家畜の体内に入り、静脈に寄生して血液を吸う。田んぼの側溝をコンクリートにして水の流れを速くすると、ミヤイリガイが棲めなくなり、住血吸虫が人の体に入る心配がなくなる。住血吸虫はそれまで岡山県や山梨県などの一部で問題となっていた。だから、これらの地域で側溝をコンクリートにすることには、十分に意味があった。

ところが、妙なことに側溝のコンクリート化は全国で進められた。住血吸虫のいないところまで、田んぼの側溝はすべてコンクリートとなった。そこには、だれかがコンクリートをたくさん使いたかったという事情も関係していたかもしれない。環境への影響を考えれば、岡山や山梨ですら、ミヤイリガイがいなくなった段階で、側溝のコンクリートを取り除くべきだった。しかし事態は逆行した。日本中の田んぼの側溝は、ほぼすべてコンクリート化され、メダカはほとんどいなくなった。

メダカの危機を招いた事情は単純であろう。「ああすれば、こうなる」式の思考の結果である。側溝をコンクリートにすれば、ミヤイリガイが棲めなくなる、ミヤイリガイがいなくなれば、日本住血吸虫の被害はなくなる。これはあまりにもストレートな発想だった。DDTと発疹チフスの関係に、よく似ていることがわかるであろう。自然に手を加えるという意味では、伝統的な「手入れ」と似ているが、手を加えるときの加減がない。おかげで生態系を根っこから変える結果となった。側溝をコンクリートにしたら、他の生物にどんな影響が及ぶか、それを検討したのかどうか、私は知らない。メダカがどうなるか、そんなことは考えもしなかっただろうと想像する。そもそもメダカがいなくなったら、どうだというのだ。いまでもそう思う人があろう。側溝をコンクリートで固めるという工事の経済効果への期待もあったに違いない。これまた、公共事業をすれば経済が活性化するという、「ああすれば、こうなる」信仰の現れである。ここには「なにかをする」癖がみごとに出ている。人間はしばしば「余計なことをする」のである。この問題は単純だったから、正解も単純である。一部の地域で側溝をコンクリート化し、住血吸虫の防除という目的を達したら、コンクリートを取り除けばいい。ただそれだけのことだった。

経済と環境は対立する。そういう図式が長年にわたって存在した。これは経済性ということについての誤解にすぎない。私はそう思っている。側溝という、右の単純な例でも、それは明らかであろう。経済性を考えると称して、余計なことをするのである。「要りもしない」工事をすることの、どこが「経済的」か。いわゆる環境派は、それを指摘しているにすぎない。さらにいうなら、せっかくつくった側溝を取り外すほうが、経済的かもしれないのである。

専門家は経済を経済統計としてみるであろう。金がどこからどこへ、どう動いたか。しかしお金の動きがいかにつじつまが合ったとしても、自然を勘定にいれると、つじつまが合わなくなることは、多々あるはずである。ところが経済学者はいわゆる文科系だから、自然が苦手である。

簡単な例で説明する。経済統計は要するに花見酒の経済なのである。八つぁんと熊さんが樽酒を二人で担いでいる。八つぁんが手持ちの十文を熊さんに渡して、酒を一杯飲ませろという。熊さんがいいよ、という。次に熊さんが、八つぁんからもらった十文を八つぁんに渡して、おれにも一杯飲ませろという。これを続けると、樽酒がいずれなくなる。経済統計はしかし、それでつじつまが合っている。収入と支出の釣り合いは、みごとにとれているからである。自然と経済の関係は、これなのである。そんなことは、江戸時代の人だってよくわかっていたから、落語になっているのである。

環境を問題にする人たちは、樽酒の量を問題にしている。だから「自然が失われる」という。経済を問題にする人たちは、金のやりとりを問題にしている。環境を守れというと、経済はどうでもいいのか、という反論が生じる。これは問題を取り違えているための誤解である。

お金は数字であり、紙である。それが実体ではないことは、だれでも知っている。経済活動には、その意味で虚と実がある。花見酒でいうなら、十文のやりとりは虚で、酒が減るのと、八と熊の二人が酔っぱらうのが実である。極端に単純化するなら、経済とは十文のやりとりを指し、酒の減少とは資源のことであり、八と熊が酔っぱらうことは人が生きることである。つまりグローバル化した経済とは、地球規模の花見酒である。

虚の経済とは、だれが金を使う権利があるかという問題である。金持ちとは、金を使う権利をもつ人である。それは人間社会のなかのことで、本来は自然とは関係がない。ところがものを食べるとか、石油に代表されるエネルギーを消費することは、自然に直接の関わりがある。高度経済成長、つまり皆が金持ちになろうと思えば、他人から金を取り上げるか、まったく別なところからとってくるしかない。その「別なところ」が自然だったのである。

それならお金には、自然という限度がはじめから置かれている。その限度を超えてお金を発行してみても、俺は金持ちだと威張る以外の意味はない。そこがわかっていたから、以前お金は兌換券《だかんけん》だった。国がお金を発行するなら、一定量の金をそれに応じて蓄える。それが金本位制である。金という自然の存在が、紙幣の発行限度を決めていた。いまはそれがない。ということは、お金と自然の関係が原理的に切れてしまったのである。そこに経済と環境が対立すると思われるようになった遠因があると私は思う。自然との関係をなくしたお金は「宙に浮く」のである。

そうなっても、お金は人間社会のなかでは、相変わらず強い意味をもつ。社会は脳がつくったもの、約束事だからである。お金があれば、自分のところにモノとサービスを集められる。いまアメリカ国内にあるドルの二倍のドルの現金が世界を回っているという。その分のドルに対して、アメリカは紙幣の紙代と印刷費以外に、支出をする必要がない。アメリカが妙に金持ちなのは、一部であれ、これと関係があるに違いない。国外にそのドルを出したとき、なんらかのモノかサービスを、その分だけ国外から受け取っているからである。このお金には、べつに裏付けはない。考えようによっては、ただの紙切れである。その紙切れがアメリカに帰ってくるまでは、アメリカはモノやサービスを、国外にいっさい提供しないですむ。ニクソン時代に兌換券を廃止したことと、これと関係があることは間違いあるまい。アメリカ人は知恵者なのである。悪くいえば詐欺師である。

なにが虚で、なにが実か

こういう虚の経済と、環境という実体が、どこかで矛盾しないはずがない。つまり経済とは、日常の常識とは違って、むしろ頭のなかの話なのである。八つぁんと熊さんが合意しさえすればいいからである。それに対して、環境は実体である。再び個人に戻していうなら、心と身体である。経済は、精神一到なにごとかならざらんという。なにごとも心がけだというのである。だから「経済対策をすれば、景気は持ち直す」と信じる。すべては頭のなかの話だからである。「ああすれば、こうなる」である。

身体はそれにウンとはいわない。いくら意識が、俺にはし残している仕事がある、もう十年は生きていたいといっても、勝手に身体は死ぬ。身体には身体の都合があるからである。しかし現代社会は脳化社会である。そこでは「口が利けない」身体の言い分は無視される。いわないなら、意見がないのだろう。国際会議に出た日本人と同じで、そう判断されてしまう。

世の中で生きていると、逆だと思われるであろう。経済は実生活だが、環境問題なんて理屈だ。頭のなかの問題じゃないか。理屈をぐずぐずいってないで、景気対策をどんどん実行しろ。それがいわゆる経済成長だった。いまの世の中にも、まだそういう雰囲気があることは、よくわかっている。しかし根本を考えると、なにが実でなにが虚か、じつはわからない。それを決めているのは、各人の脳だからである。脳が現実だと決めるものが、その人にとっての現実なのである。だから環境問題は抽象で、経済は現実だと思い込む人が多くてもべつに不思議はない。私は逆だと思っている。お金なんて約束事だから、いつ価値が消えるか、わかったものではない。ところが虫の標本はどこまでいっても虫の標本である。私はそういうものを現実だと思う。

そう思えば、お金が先ではない。実体が先だというのは、あまりにも当然であろう。ところが、逆にそのために、脳化社会への移り変わりの時期には、そこに巨大な錯覚が生じる。土建がそれである。土建は実体に見えるから、四国に橋を三つも架ける。高層ビルをあちこちに建てる。いたるところを舗装する。

こういうものは、じつは人工物である。頭のなかが外に出たものなのである。もとから外にあるものを自然といい、頭のなかが外に出たものを人工という。どちらも脳の外にあるから

「実体」だと錯覚するが、人工物は放っておけば、つまり「手入れ」をしなければ、いずれ壊れる。ところが自然のものは、しばしば「勝手に増える」のである。木を植えて放っておけば、どんどん大きくなる。小さくなる木というのは、見たことがない。成長とは本当はそのことである。経済の成長は風船を膨らますことである。風船だとわからないように、実体をつけようとすると、土建になる。

「大工をかき集めて放っておいたら、橋が三つ、ひとりでに四国にできちゃいました」

そういうことではなかろう。すべては設計によって、つまり脳のなかで、まずつくられた。そうやって大きなものをつくり、立派なものができたと、自分で感心する。それが人間である。ところが脳のなかは狭い。自分の身体より、脳のほうが小さいのである。その小さいものを拡大して外に出したら、出てくるものは、じつは変なもの、歪んだものに決まっている。

歴史を見れば、都市文明の初期に土建が現れることは歴然としている。都市文明以前とはつまり田舎である。田舎は自然に接するところだから、実体とはなにかを知っている。そこが急速に脳化すると、つい実体をつくろうとして土建になる。だからエジプトはピラミッドをつくり、ローマは道路と水道をつくり、秦は万里の長城、巨大な墳墓、阿房宮をつくった。田中角栄時代の日本であろう。

環境問題は最大の政治問題だと述べた。それは同時に、最大の実体経済問題でもある。つまり政治も経済も、根本は環境問題なのである。あとは人間社会の、そのときどきのゴタゴタにすぎない。夫婦喧嘩も生活の一部だが、そのこと自体が夫婦生活になれば、生活は壊れる。その意味で、戦争もまた、環境との関係で測る以外に、客観的な功罪は決められないであろう。

絶対だという話は怪しい

環境問題について、これまで私が発言したくなかった理由の一つに、環境問題の活動家たちのあいだに「環境原理主義」とでも呼ぶべき思想があったことがある。たとえば、かれらはクジラを絶対に食べるなという。『アンデスの聖餐』ではないが、せっぱ詰まれば、人間は人肉だって食べる。それなら増えすぎたクジラは食べてもいいじゃないかと思うが、そういう話は通じない。

「絶対にこうするべきだ」と決めるのは、じつはたいへん楽なのである。そのつど考えなくてすむからである。なにか問題があるとき、当事者が「どうしたらいいか、わからない」というには、むしろ勇気がいる。そういうときに、たいてい私はあいまいな返事しかしない。やってみなければわからないと思っているからである。しかし臨床の医者なら、そうもいかないであろう。患者の家族や本人に、「この手術で助かるんですか、助からないんですか」と問いつめられて、「やってみなければわかりません」と答えたら、相手はたぶん怒る。不安になるからである。だからふつうは「大丈夫ですよ」と答える。

しかし、「大丈夫だ」といってうまくいかなかったときは、いまでは医療訴訟になる。むずかしい時代になった。カルテに全部きちんと記録しておき、公開できるように準備しておかなければならない。それなら、あらかじめいいわけをしているだけのことである。現場の医者がそんな余分なことを考えていて、万全の医療ができるだろうか。手術はある種の非常事態であり、そんなときに、あとでどういわれるか、そんなことを考えていたら、手がすくんでしまう。いまでは人々は、カルテがちゃんと書ける人こそが、いい医者だと思っているらしい。

かならずしも予測が可能ではないこの世界では、「絶対」ということはありえない。それを認め、結果が出たら、それを受け入れる。それを「人事を尽くして天命を待つ」という。必要なのはそう考える強さである。現代社会で私が不安に思うのは、そこの理解である。たとえば宗教が提示する「絶対」に従う人間があんがい多い。宗教上の原理主義はそれである。近年では、オウム真理教の問題がそれだった。麻原彰晃がおかしかっただけだということではない。あんな教えについていった人たちがいる。そこが変なのである。これが絶対だという教えについていくのは簡単である。そうしないためには「絶対」に頼らない強さを身につけていかなければならない。つまり、自分でものを考えなければいけない。それが苦手な人が多い。おそらく増えている。

人間の考えは、たかだか約一五〇〇グラムの脳が生み出すものである。しかもどんな考えであれ、考えである以上は、寝ているときには消えてしまっている。人生のどのくらいの割合を寝て過ごすか、それを思えば、頭がいかにアテにならないか、わかるであろう。しかし、ユダヤ教、キリスト教、イスラム教という、中近東由来の一神教には、唯一「絶対」神がある。その本来の意味は、絶対は神様にまかせておけばいいということであろう。人間が絶対をいう必要はない。だから絶対とは「信仰」なのである。それでもしばしばそれがすり替わって、神に仮託して人間が絶対を体現するようになる。その意味で、一神教は危険な面をもっている。

突きつめていくと、論理的に物を考えている、あるいは原理主義をとっているのは脳である。だから、脳になにか操作を加えたら原理主義は消えてなくなるであろう。結局、世界を考え、社会を動かしているのは脳なのだから、社会のルールは脳のルールである。人間とはなにかと考えようとすると、脳を客観的に切るしかない。『唯脳論』(青土社)という本を私が書いたのは、そのためである。いまの生物学、とくにアメリカ流の生物学では、脳をスキップして、遺伝子まで戻って人間を理解しようとする。それでは話を急ぎすぎだと思う。

脳が世界を見ているのだから、脳が壊れれば世界は違って見える。脳が壊れなくても、世界の見え方はそのときどきで変わる。一人の人間の脳は一つの視点をとっているわけではなく、複数の視点をとっている。たとえば、躁鬱《そううつ》病《びょう》の人間は、躁状態のときと鬱状態のときでは、まったく別人である。きのうまで、世の中は明るくて宇宙は自分のものみたいな気持ちでいたのが、次の日になったら、私みたいなダメなやつはいないから死にたいという気分になる。死にたいのに、死ぬ元気もない。そこまで気分が落ちてしまう。

躁鬱病でなくたって、右脳と左脳は違うことを考えている。てんかんの治療として、かつては右脳と左脳をつなぐ脳《のう》梁《りょう》を切る手術が行われた。その手術を受けた人は、右脳と左脳の連絡がつかない。だから、左脳が支配する右手がやろうとすることを、右脳が支配する左手が抑えるということが実際に起こる。ふだんは気づかないが、だれの中にもまったくの別人が同居している。だから、一人の人間が一八〇度違うことをいっても、べつに変ではない。人間はそれ自身、矛盾した存在である。それを十分に理解すべきであろう。首尾一貫しているほうが、むしろおかしい。しかし意識はそれを一本化したがる。一本化しなければ「ならない」と考える。じつはそれが意識の仕事だからである。

ヒトの脳は、チンパンジーに比べて、三倍もの容量になった。その脳が、見たり聞いたり触ったり、つまり五感からの入力を受ける。そうした入力を処理して、運動として出力する。それぞれの作業は、じつはまったく異質である。目で見たものと、耳で聞くもの、これはまったく重ならない。ミーンミーンと鳴くミンミンゼミは、体が緑で翅が透明である。ジージーと鳴くアブラゼミは、体が黒くて翅が茶色である。耳でとらえた二種のセミの違いは、目で見た違いと、「なんの関係もない」。黒と茶色、透明と不透明は、音にはならないからである。見た目と音を関係付けて、ミーンミーンという音を出す「なにか」と、体色が緑で翅が透明の姿形をいっしょにして、それを「同じ」ミンミンゼミにしてしまうことこそが、意識の働きである。それでなければ、大きくなった脳のなかでは、すべてがバラバラになってしまう。

これはあまりにも当然だから、ほとんどの人は、私がなにを問題にしているか、それを理解しない可能性がある。意識はひたすら「同じ」を繰り返すものなのである。そこをさらに知りたい人は、『人間科学』（筑摩書房）を読んでいただきたい。

すべてわかろうとするな

単純化された答えは耳に入りやすいが、おそらく正解ではない。考えの単純化を続けていくと、社会全体としては、かならずどこかに穴があくはずである。ことに環境問題の場合、相手は自然である。つきあっていくには、地道な努力に加えて、予測がしばしば不可能であることを我慢する忍耐が求められる。わからないことをブランクのままにし、何割ぐらいかがわかれば、まあこんなところだろうと思って、とりあえずつきあう。そういう辛抱が必要になるのである。

昔の人が努力・辛抱・根性といったのは、このことであろう。昔の人は自然につきあう必要があったから、ひとりでにこうした性格をもつようになった。都会に住む若者が努力・辛抱・根性を嫌うのも、そう思えば当然である。身の回りに自然があるわけでなし、自然につきあうための性格など、べつに要求されはしない。頭の回転が速く、気が利いて、上手に言葉が扱える。都会で生きていくには、そのほうがはるかに重要だと、日々体験しているのである。これに加えて、シミュレーションの能力、つまり「ああすれば、こうなる」が十分にあるなら、都会人として成功するはずである。

医学は人体という自然を扱う。ことに私は、体というものが具体的にどうなっているのか、それをつぶさに見てきた。その作業のなかでつくづく感じたのは、「そうなっているものは仕方がない」ということである。いかにこちらの論理に反すること、自分の考えに都合の悪いことであっても、出てきた結果は認めざるをえない。

あるとき、実習中の学生が、「腕に行く動脈がありません」といってきた。腕に行く動脈がなければ、腕に血が通わない。ちょっと見ると、たしかに「上腕動脈がない」。それじゃあ腕が死んでしまうじゃないか。そうはいっても、ないものはない。解剖を進めて、懸命に探してみたら、別な経路がちゃんと出てきた。側副路といって、ふつうなら細い動脈が太くなり、大きく迂回する経路をとって、上腕動脈の代わりをしていたのである。

解剖を進めたからそれがわかったが、人体より大きな自然を扱うときには、解剖のようにすぐに次に進むことができるとは限らない。「上腕動脈がない」「動脈がないと、腕が死ぬ」。どちらも間違っていない。それならしばらく辛抱して、解剖を続けるしかない。この場合は幸いそれで正解が出たが、大きな自然が相手だと、すぐには解答が出ない。だから努力・辛抱・根性なのである。

しかし、社会的なできごとに対して、右のような考え方を表現することは、場合によっては許されない。強盗殺人で殺された人の遺族に「殺されてしまったものは仕方がない、生きかえるわけじゃない」といったら、事実には違いないが、恨まれるに決まっている。都会、つまり意識の世界では、「あってはならない」ことがあるという感覚は、ごく当然である。強盗殺人に対して、「あってはならない」ということはできる。しかし自然に対して、「あってはならない」といってもムダだということは、だれでもわかっているはずである。地震はあってはならない。台風は来てはならない。そんなバカなことをいう人はいない。

こんなふうに、自然に対するときと、人工的な社会に向かい合うときとでは、一八〇度違う論理を使わなければならない。しかし、強盗殺人で殺された人の遺族も、やがてはその人が亡くなったことを受け入れるようになる。短期的に見れば一八〇度違う論理も、長期的に見れば同じになっていく。人の体を自然と切り離して考える立場は、それを許容できない。「できることと、できないことがあるのだから、できないことは仕方がない」と自然を受け入れるのには辛抱がいる。いいかえるなら、よほどの強さが必要である。

自分を自然の一部だと見なしたとき、そうした自分を、どこまで我慢して受け入れられるだろうか。環境問題を考えるときには、じつはそこが出発点になる。私はそれを死体とつきあうことで学んだ。死んだ人とは、じつは将来の自分である。それを不気味だとか、気持ちが悪いとかいうのは、自分自身と折り合いがついていない証拠である。自分の中の自然とすら折り合いがつかない人たちが、外の自然と折り合えるはずがないではないか。だから都会人は、「自然を排除する」のであろう。死ななければならない自分を、意識は受け入れていないからである。

第二章　暮らしの中の環境問題

政治としての環境問題

「二一世紀『環《わ》の国』づくり会議」の議論を受けて、二〇〇二年二月から「環の国くらし会議」がはじまり、引き続いてメンバーにされてしまった。不適任だと思えば、断ればいいのだが、断るより頷《うなず》くほうが楽である。人間は易きにつくものなのである。

この会議は、まさに「人間社会」の側から環境問題にどう取り組むかを議論する。前章でも述べたとおり、私は「地球環境にやさしい生活」に励んでいるわけではない。だから、会議の目的に沿った提案はできない。むしろ皆さんの考えを聞かせていただき、それを考える参考にする。そういう気持ちで参加している。

毎日の生活のなかで省エネを心がけ、ゴミを減らし、洗剤をなるべく使わないといった努力をしておられる方は立派だと思う。くらし会議のメンバーのなかに、長嶋茂雄夫人の亜希子さんがおられる。長嶋夫人はまさにこうした生活の実践家である。たとえば自宅の庭に家庭菜園をつくり、生ゴミはすべて堆肥にして、そこで使っているという。つまり、長嶋家は生ゴミをいっさい出さないわけである。

そうした努力の背景には、それで当然だという思いがあろう。長嶋夫人は私と同年である。

だから環境に対する感覚がたぶんよく似ているのだと思う。戦後のなにもない時代、国破れて山河ありの時代に育ったわれわれは、その世界といまの世界がいかに違ってしまったか、それを強烈に感じている。だからこそ、いまなんとかしないと危ないということが、感覚としてわかる。世代論を嫌う人が多いが、こういう感覚の世代差は、それこそ「仕方がない」。

長嶋亜希子さんの努力には敬服する。しかし同時に「環境問題は政治問題」である。二酸化炭素の排出量を減らそうと、日本は国を挙げて努力している。官庁や企業は、空調や乗用車の使用をなるべく減らそうとしているし、節電に努力している家庭も多い。そのおかげで、日本の二酸化炭素排出量が一〇パーセント減少したとしよう。そのとき、中国の全国民がいまより化石燃料を多く使用し、二酸化炭素排出量を一パーセント増やしたら、どうなるか。日本の人口は約一億三〇〇〇万人、中国の人口は約一三億人だから、日本の努力は短期的には相殺されてしまう。そういう意味で中国は大国なのである。

中国人も環境問題を意識しているに違いない。しかし、いわゆる先進国と同様に、自動車とたくさんの電化製品をもち、エネルギーを使って豊かな生活をしたいと望んでいるはずである。先進国に対して、「お前たちが先にたくさんの二酸化炭素をつくり出したではないか」という気持ちもあるに違いない。地球という一つのいれものに、いろいろなレベルの生活をする人たちがいて、それぞれの論理で動いている。それらを調整することは、個人の努力の範囲を明らかに超える。だから環境問題は政治問題なのである。

環境問題が最大の政治問題だというのは、長年の私の思いである。しかし経済状況、社会状況はよくなったり悪くなったりする。そうした状況に合わせて、政治が対策をとっていくのは当然である。そうした政治活動を否定しても意味がない。ただ政治活動の根本のモノサシに、環境を置くべきだといいたい。

そこにはもう一つ、大切な根拠がある。環境は実体に関わる、つまり根本的には理科的だということである。理科的ということは、モノのレベルに戻すことができる、ということである。炭酸ガス問題であれば、量がどれだけか、それを計測できる。政治や経済の問題は、それに対して、「虚」の問題を含む。経済については、すでに述べた。社会のなかで、だれがお金を使う権利をもつか。それで争うなら、それは環境とは直接には無関係である。それは所詮、人間同士の争いにすぎないからである。共倒れになれば、環境のほうは助かるかもしれない。政治も同じである。だれが権力をもつか、これも環境に直接の関係はない。

最終的にはモノの問題だということは、そこにはある客観的な根拠が存在するということである。政治や経済は「虚」の問題を含むから、客観的な基準を見つけることはむずかしい。水掛け論になりやすい。しかし炭酸ガス問題であれば、最終的には答えが得られることは明白である。政治や経済がどのように行われるにしても、資源の限度は定まっている。それを変えることは、政治や経済にはできない。

二酸化炭素をはじめとする温室効果ガスについては、先進国に排出削減を義務づける地球温暖化防止のための「京都議定書」が一九九七年に採択された。しかし米国のブッシュ大統領は、「地球温暖化の原因が温室効果ガスである」という説の科学的根拠は十分でないとたびたび発言し、二〇〇一年三月には京都議定書からの離脱を表明した。その背景には、米国経済の先行きに悪影響を与えたくないとか、ブッシュ大統領の地元であるテキサスの石油メジャーの利益を守りたいという配慮があるとか、クリントン政権と一線を画したいのだとか、さまざまな取りざたがなされている。他方、アメリカ議会が京都議定書に反対した理由は明白である。発展途上国が参加していないからである。ここではアメリカ側はいわば平等主義に立っているともいえる。先進国の責任という考えを認めていないのである。絶対量にせよ、個人あたりにせよ、アメリカが世界最大のエネルギー消費国であることを考えれば、そう思って当然ともいえる。ここで譲ったら、どこまで押し込まれるか、わからない。そう思うに違いないからである。たとえていうなら、これはネコの首に鈴ということである。アメリカはネコで、他国はネズミである。ネズミは鈴をつけるといったのだが、ネコはいやだといったのである。二酸化炭素の排出抑制が環境問題ではなく、政治問題であることがよくわかる例である。

同時に大統領からの要請を受けて、温暖化を科学的に検討していた米国科学アカデミーは、二〇〇一年六月、「気候変動の予測には科学的な不確定さが残るが、これまでの知見からみて、温室効果ガスの排出がこのまま続くと、地球の平均気温は今世紀末までに一・四から五・八度上昇する」という報告書を出した。つまり、科学的に完全に解明されているわけではないが、それでも現在の地球の温暖化は、温室効果ガスが原因だろうという結論である。

この結論がこの時期に出されることも、政治的といえる。アメリカ全体として見れば、京都議定書にただ反対ではなく、政治的なバランスをとったわけである。地球は巨大かつ複雑なシステムであり、その変化の仕組みを解明するのはむずかしい。だから温暖化の原因が温室効果ガスであるかどうか、厳密には確定できない。純粋に「科学的」にいうなら、それを結論としても間違いではないであろう。しかし地球温暖化というデータがあり、温室効果ガスに大気温度を上昇させる働きがあることは、明白にわかっている。その二つを結合すれば、いまのところは温暖化の原因が温室効果ガスだと考え、対策をとっていこうという考えは、十分に成り立つ。原因の完全な解明には時間がかかるから、結果を待つとする。その結果、やはり温室効果ガスが原因だとなったら、そのときは対策が間に合わないではないか。米国科学アカデミーの結論は、少なくともこのままの状況は続けられないぞ、という訴えにはなっている。

日本政府が京都議定書の制定と批准《ひじゅん》をめぐって、これまで多大な政治的努力を払ってきたことは、十分に評価されるべきであろう。二〇〇二年八月、南アフリカ共和国で開かれた環境開発サミットでは、米国の態度を強硬に批判する欧州連合と、逆に強硬な態度をとる米国のあいだを調停し、「批准国が未批准国に批准を促す」という形で実施文書をとりまとめたのは日本である。

国内的には、二〇〇二年六月に京都議定書を批准したものの、目標の達成をめぐっては政府と産業界のあいだで確執が続いている。また、二酸化炭素の排出権取り引きについては、国家間のルールづくりが遅れるなかで、企業レベルでビジネス化の動きが報道されている。そもそもこの排出権取り引きを認めたこと自体が、企業側の都合による、いわば詐欺だという考えもある。環境問題が政治問題だけではなく、経済問題としての性格を強めているのである。経済原理が優先すると、環境問題に悪影響が生じる。それはすでに、いやというほど経験したことである。他方ではしかし、現段階で炭酸ガスの排出制限をすることによる経済的損失と、温室効果ガスによって引き起こされる温暖化で将来的に予想される損失の釣り合いを考えると、京都議定書で決められたやり方は、むしろ経済的ではないという意見もある。ほかにもっと安くつくやり方があるというわけである。

いわゆる炭酸ガス問題を、この程度に要約しても、面倒だと思う人が多いであろう。しかしすでに述べたように、環境問題はモノに基礎がある。地球が温暖化するかどうか、それはいずれ正解が出てしまう。それなら政治がどうもめようが、できることはいくらでもある。温暖化がどれだけ進んでいくか、その結果自然環境の変化がどのように進むか、それは私のように虫ばかりとっていても、あるていどは「わかる」ことなのである。政治もまた、こうした問題では、かならず歴史に裁かれるであろう。炭酸ガスの濃度や地球の気温は、人間が書いた憲法とは違って、解釈次第でどうにでもなるというものではない。こういう問題を、その場その場の利害で決めてはいけないということは、だれであれ、結局は理解できるはずなのである。

逆に、こうしたアメリカ政府の対応に対して、社会正義という面から怒りを述べる人もある。これも「正解」ではないであろう。なぜならよい意図がよい結果を生み、悪い意図が悪い結果を生むという保証もまた、ないからである。そこが自然の問題のむずかしさである。人間のつもりでどうにでもなるというものではない。どこまで行っても、自然はそういう面をもっているのである。都会人がもっとも苦手とするのは、こうした問題だと、すでに十分に述べたつもりである。「その解決策は」と問う人もあろう。それについては、最後に述べることにしよう。

環境問題と駆け引き

アメリカは情報操作にかけても大先進国である。たとえば、新聞や週刊誌でも報道されたが、反捕鯨運動がさかんになったのは、アメリカの情報操作によるという。ベトナム戦争では、ゲリラ対策の一つとして枯れ葉剤を大量に散布し、茂みを枯らしてゲリラの隠れ場所をなくした。この作戦は、ベトナムの熱帯雨林を徹底的に破壊したとして、環境保護団体から激しく非難された。この非難の矛先をかわすため、一九七二年のストックホルムの人間環境会議で、アメリカは商業捕鯨の停止を提案したという。

最近、その辺の事情を書いた秘密文書が公となった。日本の捕鯨関係者は、はじめから捕鯨でクジラの資源が減ることなどないと考えていた。したがって反捕鯨運動には、いわば理性的に対応したのである。裏の事情が明らかになってみると、「なんだ、そういう話だったのか」という気持ちになったかもしれない。日本は、国際捕鯨委員会の場で持続的な捕鯨、つまり、増えた分だけを捕るという方式を提案し、地道な訴えを続けてきた。これは情報操作に対して、ずいぶん素直な直球勝負である。日本やノルウェーなどの捕鯨国は、枯れ葉剤作戦に対する目くらまし、反捕鯨運動のとばっちりをまともに受けたといってもいい。

これでまた怒り出す人がいるかもしれない。しかし怒っても仕方がない。問題はそういう話に乗る人が、世界中にたくさんいるということのほうである。それは日本社会であっても、例外ではない。オウム真理教事件を思えば、いやというほど、わかるはずである。だれがいったい、アルマゲドンなどという、荒唐無稽なおとぎ話を信じたのか。大学院生がそれを信じたことを思えば、反捕鯨という情報操作くらい、わけはないことである。私個人は、あとに述べるように、禁煙運動にもそうした臭《にお》いを感知している。

二酸化炭素の問題が、こうした駆け引き材料になってはならない。なにかの「目くらまし」に使われるべきではない。二酸化炭素は地球大気全体に広がるし、温暖化の影響は南の島国を筆頭に、全世界に及ぶ。自分の国だけは関係ないというわけにはいかない。どこの国が二酸化炭素を出そうと、その影響が等しく世界に及ぶという意味で、地球温暖化という環境問題は、クジラとは比較にならない巨大な政治問題である。

二酸化炭素は化石燃料を使用すると排出されるから、この問題はエネルギー問題と密接に結びついている。最近「石油埋蔵量はあと○○年」という話を聞かなくなった。科学雑誌を読んだ記憶をたどると、一九七三年の石油危機では、石油埋蔵量が大きな問題として扱われていたように思う。石油が尽きてしまったときは、米国やカナダには、オイルシェールがある。採掘のコストは石油よりかなり高いが、石油が少なくなって高価格になれば、採掘コストを考えても引き合う。そういう議論がなされていた。だからアラブの石油は先に使ってしまえ。それが米国の国策だと、私はなんとなく長年思っていた。ともあれ、いつのまにかその埋蔵量が話題に上らなくなった。その後、探査技術が進んでみると、埋蔵量がじつは思ったより多かった。それが明らかになると、石油価格が下がってしまう。だから埋蔵量の議論がなくなったといわれることもある。

石油には、二酸化炭素の排出の問題のほか、備蓄の問題がある。日本ではほとんど石油がとれないから、経済的な安全保障を考えると、全国で使う数ケ月分の量の備蓄を考えなければならない。そうした備蓄基地で事故が起これば、火災や石油の流出など、地球環境規模の災害になる可能性もある。原子力発電には根強い反対があるが、二酸化炭素を出さずにすむという利点がある。放射性廃棄物は長年にわたって放射線を出すので、その処理はたしかに問題である。しかし、どのように変化するかがはっきりわかっているので、石油の備蓄に伴うリスクよりもましだという考え方もできる。エネルギー源としてなにをどう使用するか、環境という視点に立ってたえず検討すべきなのである。繰り返すが、問題の本質は、そのときどきの政治でも経済でもない。

明るい日本列島

石油の埋蔵量が話題に上らなくなったとはいえ、無限にあるわけではない。二酸化炭素が排出されるという問題はなくならない。原子力発電には二酸化炭素が排出されないという利点があるが、安全管理や廃棄物処理といった問題がつきまとう。だから、エネルギーは消費しないに越したことはない。エコカーをはじめ、化石燃料をなるべく使わない技術の開発がさかんだ

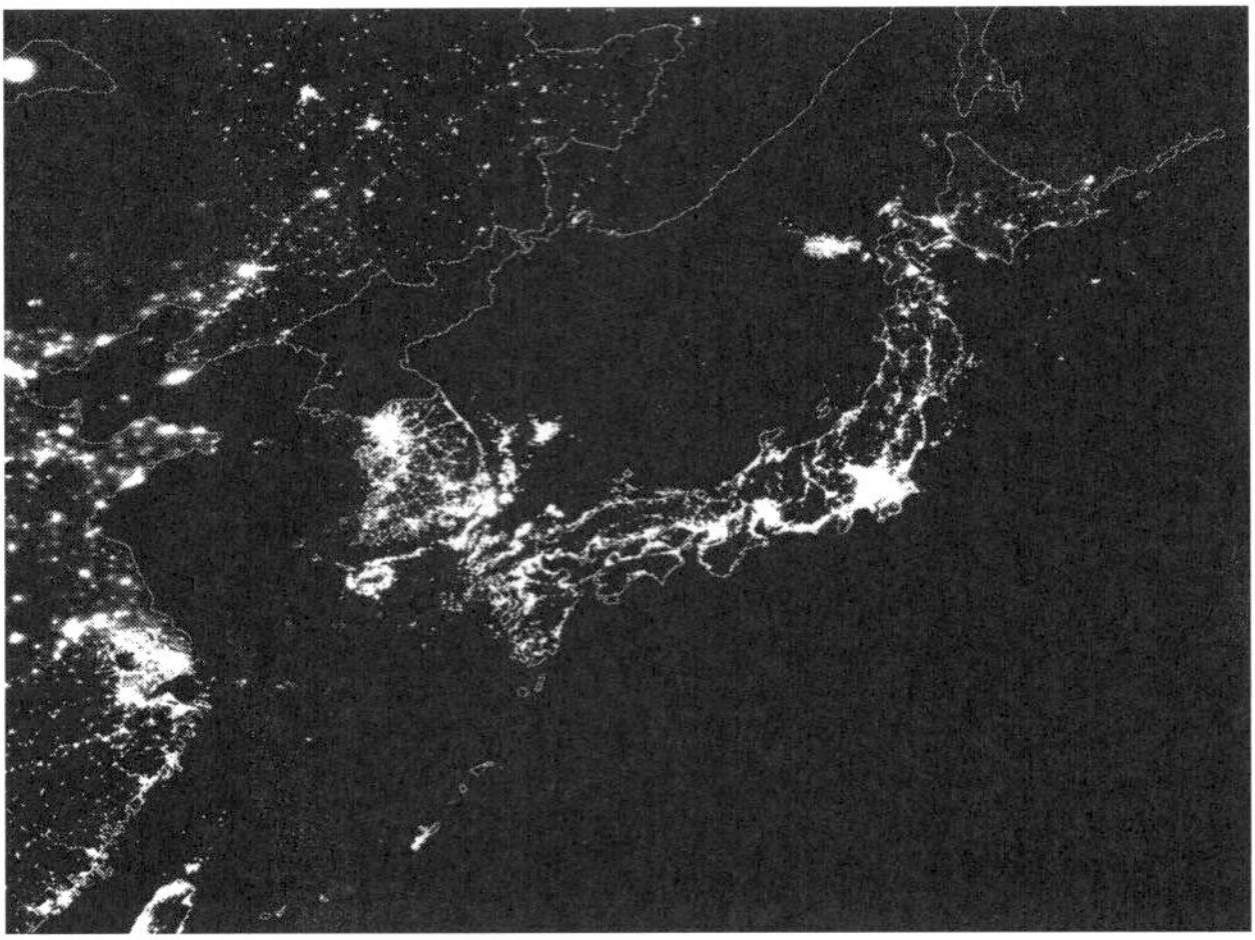

人工衛星から見た夜の日本列島周辺
Processed by VisionTech, NOAA/NGDC

が、私のようにエネルギーのない時代に育ったものには、エネルギー問題で騒ぐのがむしろ変だという気がする。あの時代には、冷房も暖房もない、火鉢一つだけ、家はすきま風が入る、停電は年中、そうでなくても灯火管制、バスは木炭自動車、エネルギー使用は江戸時代より低かったかもしれない。しかし、それで私が育ち損ねたわけでもない。

新聞の広告で、人工衛星から夜の日本列島付近を撮った写真を見て驚いた。日本中が光り輝いている中で、山脈だけが黒く抜けて見える。鈴鹿山脈などは細い棒のようで、地図帳と照らし合わせれば、すべての山脈に名前を入れられそうであった。ところが、日本の近くに一ケ所、陸地なのにほとんど光っていないところがある。北朝鮮（朝鮮民主主義人民共和国）である。平壌《ピョンヤン》だけがわずかに明るく見える。あとは日本海と同じ明るさ、つまり真っ暗なのである。それに比して、中国はほぼ均等に明るい。町が夜空の星のように光っている。

これほど歴然とエネルギー消費を表すものはない。単位面積あたりの夜の明るさを調べれば、その国のエネルギー使用の状態がわかると思う。この写真にはなかったが、おそらくシベリアあたりも、ほとんど真っ暗なはずである。戦中、戦後の日本もそうだったと思う。それからたった五十年で、山脈だけが黒く見えるほどエネルギーを消費するようになった。この写真を見ていると、「なにもしないこと」の価値をもう少し考えないといけないと痛感する。こういう目に見えるものが人間に訴えかける力は強い。子どもたちにこういう写真を見せれば、なにかを感じとってくれると思う。

一方、目に見えない環境問題の一つに内分泌攪乱《かくらん》物質、いわゆる環境ホルモンがある。ダイオキシンをはじめとする一部の化学物質が、非常に微量でも、生物に大きな影響を与えるという問題である。とくに関心を集めているのは、女性ホルモンと似た働きをする物質で、野生動物のオスがメス化するし、人間にも影響するといわれている。しかし、この問題がどのていど深刻なのか、現時点ではよくわからない。

環境ホルモンという考え方を提唱したのは、世界自然保護基金（WWF）のコルボーン博士である。博士は実際に化学物質を生物に与えてデータをとったわけではない。一部の化学物質が生物の体内でホルモンのような働きをするという仮説を立て、五大湖周辺の野生生物についてこの仮説と関係しそうな文献を徹底的に探した。そして、仮説が成り立つとの確信を得たのである。一九九一年に、博士は研究者に呼びかけてこの問題に関する会議を開き、こうした化学物質が人間にも影響することを指摘した。さらに一九九六年、博士らの書いた『奪われし未来』（翔泳社）という本が出版され、この問題が世界に知れ渡った。

文献調査による地道な研究に、ケチをつける必要はない。ただ、環境ホルモンという問題は、科学ジャーナリズムを通じて顕在化した。問題が指摘されて以後、さまざまな実験や測定が行われているものの、まだなにかが不足している。温室効果ガスの問題とよく似ているというべきであろう。どちらも、悪いほうに転んだら、たいへんなことになりそうだという予想がつく。しかし、そうなるかどうか、かならずしも確信がもてない。システムに関わる問題は、どうもそういうことになりやすい。あとの章で述べるように、従来の科学がそうした問題を扱ってこなかったからである。

それでも、とりあえず可能なことはたくさんある。データの収集および基礎的な研究を進めるべきである。環境ホルモンの場合には、土壌への蓄積という問題がある。さまざまな条件が重なって、ある土地では高い濃度で蓄積されるといった可能性もある。環境省に対して、土壌の継続的なサンプリング調査を提案したことがある。開発行為をするなら、土壌を少しずつ採取し、保存することを義務づければいい。土壌にはさまざまな生物が棲み、地上の生態系を支えている。こうしたサンプリングを続ければ、たとえば森林が開発されてゴルフ場になったとき、土壌生態系がどのように変わるかを追跡できる。緑は目に見えるが、地面の下は目に見えない。人間はそういうものを無視する傾向があるからである。

このような試料採取を長年続け、試料を保存しておけば、土壌中のダイオキシンが問題になったときも、あとから分析することができる。現在の日本ではそういう体制がないから、ダイオキシンが本当に増えているのか、減っているのかさえ、よくわからない。試料採取といった地味な仕事は、その場ではなんの役に立つのかわかりにくい。しかし、問題が起こったときに、過去からの変化のようすをたどることができる。こうしたことにお金をかけるのは無駄ではない。

人体への影響が本当に出ているのかどうかを知ることも重要である。環境ホルモンに限らず、化学的環境の悪化を知る手がかりとして重視すべきなのは、障害児の発生率である。環境の影響は胎児にもっとも強く現れるからである。しかし、人工流産がこれだけ普及しているために、胎児のうちに死亡した子どものどれだけが障害児であったのかは不明である。障害児だったと届けることが一種のタブーになっているという側面もある。だから、厚生労働省がデータをとってはいるが、どのぐらい信用してよいのかわからないのである。

「自分で考える」のはむずかしい

厚生労働省は禁煙キャンペーンに熱心で、その大きな理由として、タバコが循環器疾患や肺ガンの原因になることを挙げている。タバコが肺ガンになる確率を増すことは、欧米の研究でも示されているし、国立がんセンターで行われた研究でも裏付けられた。しかし肺ガンの発生には、タバコよりも大気汚染のほうが効いているはずである。数年前の「ネイチャー・メディシン」誌に、中国での肺ガンの疫学が紹介された。それによると、肺ガンによる死亡率は、都市によって十倍以上の差があった。同じ都市でみれば、喫煙者の肺ガン死亡率は非喫煙者の三倍ぐらいだが、それ以上の差が都市環境の違いで加わっている。「ネイチャー・メディシン」誌は、その原因を家庭用暖房と台所の煙だろうとしている。それに自動車の排ガスなども加わった、一般的な大気汚染が主因だろうと私は考える。肺ガンの都市による発生率の違いは、大気汚染に長くさらされた結果と考えるのが自然ではないか。「それなら車を禁止するか」というなら、煙草がやり玉に挙がる理由が読めるであろう。車に乗って、他人に禁煙せよというのは、じつは目くそ鼻くそを非難するたぐいなのである。

禁煙規則がいちばんきついのは、飛行機である。なぜだろうか。ＪＲは相変わらず臭《くさ》い喫煙車を走らせている。大気汚染の重要な犯人は、石油だろうと述べた。石油業界がいちばん圧力をかけやすいのは、どういう交通機関か。ガソリンを大量に消費する航空業界であろう。エール・フランスはかなり後まで、禁煙ではなかった。それが全面禁煙になったのは、なぜだろうか。いくらタバコを吸ってもいい。そういうチャーター機を飛ばした会社もあったが、たちまち潰された。なぜだろうか。反捕鯨運動を支援せよ。それと同じような書類が、やがて禁煙運動についても出てくるに違いない。私はそう思っている。

肺ガンとタバコの因果関係を研究した報告は、ほかにもたくさんある。データに基づかない議論は恣意的《しいてき》になりがちだが、データがたくさんあっても、個々のデータをどのように解釈するか、たくさんのデータをどう関連づけるか、相反するデータがある場合どちらに信頼を置くかなどによって、結論は変わってくる。肺ガンについていえば、人類は自動車や飛行機で移動するという便利さを手に入れた代わりに、肺ガンになるリスクを背負った。さまざまなデータをもとに、私はそう考えている。ほとんどのことについて、丸儲けということはない。

右のように、データに基づいて自分なりに事実を把握するといっても、ことはなかなかむずかしい。一般の人は、どんなデータがどこにあるのかがわからない場合がほとんどだし、ましてや自分で実験や調査をしてデータをとるわけにもいかない。だから、データを集める官庁と、それを国民に知らせるジャーナリズムの責任は重い。しかし、官庁とジャーナリズムは「弁解」のための仕事をする場合が多い。

たとえば、土壌の定期的な採取と分析を提案したとき、二通りの反応があった。一つは関係官庁のしかるべき立場の人からで、要約すれば「われわれはこのような土壌サンプリングをしているのに、ご存じないのか」というものだった。もう一つは、同じ官庁傘下の研究者の私信で、「先生がいわれるとおり、土壌生態系を真剣に研究している人はいません」というものだった。この二つの返事をもらって、私は前者が弁解のための仕事をやっていると直感した。おそらく、後者の返事が正直なところではないか。弁解のための仕事は、なんのために、どのように進める必要があるのかを考えず、自分で決めた範囲で仕事をすませることになる。「だれかに突っ込まれたときに、いいわけができるように」というのが動機だからである。そうした動機で集められたデータが、議論に値するものになるわけがない。

同様に、ジャーナリズムも肝心のことは伝えず、紙面やニュース番組の時間を埋めるための報道をする癖がある。最近の例では、BSE対策である国産牛肉の買い上げをめぐって、輸入牛肉を国産と偽装する企業が相次いだ。そのことは声高に報じられたが、この問題に流通業者の存在が複雑に関係していることは、まったくといっていいほど報じられなかった。ジャーナリズムは、「この事件について報道しています」という弁解のための報道に終始したともいえる。この姿勢は、環境問題を報じるときも同じに違いない。

食の安全が損なわれた理由

環境問題とは、別な言い方をすれば「なにかを手に入れたこと」のツケである。農薬や遺伝子組み換え作物の問題は、その典型であろう。ここでも「丸儲けはない」のである。多摩動物公園の昆虫園に勤めている人の奥さんに聞いた話がある。ご主人がスーパーマーケットで小松菜を買ってきて、飼っているバッタに食べさせたら、みんな死んでしまったという。奥さんは、「人間は丈夫なんですね」と笑った。その後、中国野菜の農薬残留問題が浮上した。虫を扱っていれば、そういうことなら、専門家より先にわかるのである。

小松菜が虫に食われるのは、税金みたいなものだと思う。税金を払っているから、安心して食べられる。税金を払うのがいやだと、農薬を使ったために、もっと請求額の多いツケが回ってきた。二〇〇二年の夏には、野菜に残留している農薬が基準値を超えていたとか、許可されていない農薬が農協ぐるみで使用されていたという事例がいくつも明らかになった。許可されていない添加物が加工食品に入っていたという話も、連日のように報道された。新聞の社会面のいちばん下の欄に関係者のお詫び広告がずらりと並び、問題の作物や食品が回収されたり、処分されるようすがニュース画面に流れた。

人間の欲望はきりがない。虫に食われていない、きれいな野菜が食べたい。すぐに食べられる調理済み食品がほしい。すこしでも風味のよいものを食べたい。日持ちがいいと助かる。おかげで農薬漬けの野菜とか、保存料や人工の調味料がふんだんに添加された加工食品が出回る。なんのことはない。見た目がきれいなうえに、便利な食品を手に入れた代わりに、税金より高いツケに苦しんでいるのである。

便利な生活に由来する、もう一つの大きなツケは、大量のゴミである。ゴミというと、ファーストフードやカップ麺の容器を想像するかもしれないが、じつは食品自体が大量のゴミになっている。あるコンビニエンスストアが、売れ残った弁当を堆肥にする工場をつくったという話をテレビで見た。堆肥にするのは結構な話だが、工場が神奈川県にあり、東京都での売れ残りは生ゴミだから他県に運べない。そのことを問題にしていた。じつはその番組を見て私がいちばん驚いたのは、コンビニの弁当の四割が売れ残るという話だった。

売れ残りは堆肥になり、野菜となってまた弁当に入る。ということは、弁当の四割は、人間を通過せずに無駄な循環をするわけである。まさに花見酒の経済が進行している。弁当—売れ残り—堆肥—作物—弁当という循環が成立し、それが経済活動に組み込まれているからである。

江戸時代には糞尿はすべて田畑の肥料となっていた。もちろん、大量の食品を無駄にできるだけの生産力はなかっただろうから、食品はほとんどが人の口に入ったはずである。つまり、食品は人の体を通って、ほとんど一〇〇パーセント循環していたのである。現代の社会では、人の体の外を通る食品がGDPを生み出す。食品に限らない。どうしても必要なわけではない品物がたくさん売られ、それを買う人がいて経済がようやく回っている。多くの人が「もうほしいものはない」と感じているのに。

第三章　歴史に見る環境問題

環境問題のはじまり

いわゆる環境問題は、いつ発生したのだろうか。人間が登場する以前から、地球環境の大変動は何度も起こっていた。生物進化の歴史をさかのぼれば、九割五分以上の生物が絶滅した時期がある。地質学上の古生代、中生代、新生代という大区分は、その境で大絶滅が起こったことを意味している。それぞれの区分がさらに細分されるが、それらもじつは絶滅の時期で境される。つまり大災害が何度もあったに違いないのである。記録された人類の歴史にも、ノアの洪水という伝説があるが、おそらくまったくのデタラメではない。まだ文字はなくても、代々口承で伝えられるほどの大洪水があったに違いない。いまの人間が考える規模を超えた災害は、これまでにもあったし、いますぐ起こる確率は低いが、これからも起こりうる。生物の大絶滅は二千五百万年周期で起こるという絶滅周期説もある。

地球上の自然は、大きなシステムと見なすべきである。地勢、気候、生物がたがいに影響しあい、あるていどの安定と調和が保たれている。システムとは本来安定したものをいうが、思わぬ揺さぶりを受け、大きく傾いてしまうこともある。有名な例は恐竜の絶滅であろう。いまから六千五百万年ほど前に恐竜が絶滅したのは、ユカタン半島付近に巨大隕石が落下したためだとされる。隕石は地球全体を襲ったわけではないが、気候を大きく変え、さまざまな影響を与えたと考えられている。その結果、あれだけ栄えた恐竜がまったくいなくなった。もっとも鳥として生き延びたと思えば、完全に絶滅したとはいえない。ともあれ巨大隕石の落下ほど大きな事件でなくても、地球上の自然というシステムに影響を与える事件は、いくらでもあったに違いない。恐竜の絶滅を火山活動の活発化によると考える説も、相変わらず残っている。

自然のこうした大災害を尺度にとれば、人間の活動など、なにほどのことがあろうか。そう思う人もあるだろう。しかし人間の活動が自然というシステムに影響を与えていることは間違いない。人間の活動は、人間の登場以前に起こった多くの事件と同じように、システムを崩壊させる恐れをはらんでいる。実際、多数の生物種が人間の活動が原因で絶滅に追い込まれている。地質学的にこれだけ平穏な時代に、生物が絶滅するような事態はこれまでなかったはずである。

環境問題の発端として、産業革命が指摘されることが多い。さらにさかのぼれば、農耕のはじまりが発端だという意見もある。私はそれを都市化の問題ととらえている。中国、インド、エジプト、地中海沿岸から中近東と、いわゆる四大文明の発祥の地は、どこも歴然と自然が荒れている。それは、古代都市をつくるための建築材料として、またエネルギー源として、周辺の森林を次々に伐採したからである。人間の脳は都市をつくりたがる。そして古今を問わず、都市はエネルギーを消費し、品物に付加価値をつけ、それを売って人々が生きていく空間である。だから都市ができれば、周辺の環境はかならず多大の影響を受ける。つまり環境問題は、われわれヒトの脳の性質が生み出した問題であり、具体的には都市の発生と関係するのである。

産業革命が起こった理由

古代文明が発祥した場所については、はじめから砂漠の近くだったという説もある。農作物をつくるのに灌漑《かんがい》がしやすいからというのが、その理由である。しかしその近くに、もともとは森林があったに違いない。都市をつくるには、どうしても木材が必要だからである。ギルガメシュ叙事詩は、メソポタミアに入ったシュメール族の英雄ギルガメシュの物語だが、そこには森に棲む怪物フワワを倒す話が出てくる。ギルガメシュはシュメールの都をつくるため、森の木を切りたいと思う。そこで森を守るために神が遣わした怪物フワワと戦って、これを倒す。森の木は都市をつくり、維持するために使われる。やがて森がなくなってしまうはずである。つまりギルガメシュの行為は、ある意味でシュメール滅亡のはじまりである。

時代が少し下ってからは、ますます木材の需要は高まったであろう。たとえばアルプスより南の地域の森林は、ローマ帝国時代にほとんど切られたはずである。しかもそれが何回も繰り返された。森林から木材がとれなくなり、都市がよそに移ると、森林はとりあえず回復する。するとまたその木を切って都市をつくる。クレタ島などは、それが何回も繰り返されているうちに表土が流れ、現在のような白い岩肌に覆われた島になってしまったといわれる。地中海沿岸も、北アフリカも、いまは乾いた山にオリーブが生えているだけだが、昔は豊かな森林があったはずである。

アルプスより北の森林は、中世以降に切られていった。西南から東北へと切られていき、十九世紀についにポーランドに達した。つまり、ヨーロッパの森林は、ここにいたって消滅したのである。「見てきたようにいうな」と思われるかもしれないが、最後の森林がポーランドであったことは、ヨーロッパ野牛のバイソンの分布を見ればわかる。バイソンは森林に棲む野牛で、最終的に生き残ったのはポーランドの森だった。ヘレニズム文明が滅び、「北方の蛮族」ゲルマン人があらためて都市をつくり出した時期を、私はルネサンスだと考えている。それはアルプスより北の森林が切られ、農地化していった時期に相当する。エネルギーと建築資材を得るために森林を伐採しただけでなく、食糧である小麦を植えるために、地面を次々に裸にする必要があった。

小麦の栽培がはじまったのは、ナイルの河口である。ナイル川は年に一回、定期的に氾濫《はんらん》してすべてを洗い流す。あとには、真っ裸の豊かな土地ができる。そこに種が飛んできて育った草の中から、小麦が選ばれ、栽培されるようになった。だから、小麦の栽培には裸の肥沃な土地が必要である。しかし、ヨーロッパでそういう土地をつくるには、森林を伐採し、残った根をすべて取り除かなければならなかった。森の木を根こそぎにして切りひらいた土地で小麦がつくられるようになり、生産力が上がると都市ができあがる。こうしてルネサンスが成立したというのが、私の考える乱暴な筋書きである。

イギリスでも事情は同じで、森林は中世に消えていった。島国であるイギリスでは、十九世紀に入るとついに燃やす薪にも事欠くようになった。それでさかんに石炭を掘りはじめた。幸いイギリスでは露天掘りで良質の石炭が掘れた。ただし露天掘りをしていると、井戸と同じことで、地下水がしみ出してくる。それをかい出すのに、人力のポンプではとうてい間に合わない。そこでポンプに蒸気機関が応用された。これが産業革命のはじまりである。つまり産業革命は、森林を切り尽くした環境破壊の結果として起こったのである。

このように、森林の消失と産業革命とはつながっている。当時貴族はまだ薪を焚き、貧乏人が石炭を焚いた。その結果が、有名なロンドンの大気汚染である。煙突掃除人の膀胱ガンや咽頭ガンが増えた。イギリスは環境問題の先進国である。いまではイギリスの森林は国土の六・八パーセントしかない。ロンドンの郊外では、芝生や牧草、小麦を植えたゆるやかな起伏が見渡す限り続き、一見のどかな田園風景が広がっている。しかし昆虫の種類などは、悲惨なほど少ない。

森を切ると川が濁る

中国でも、古代文明の発祥以来、環境は都市をつくるために破壊されてきた。黄河流域はラーメンと肉まんに象徴される小麦文明である。必要な小麦をつくり、燃料を確保するために、森林は徹底的に切りひらかれた。そのため黄河はその名のとおり泥の色をしている。日本人は川には透明な水が流れているものと思うが、それは流域にある豊かな森林のおかげである。森林があれば、雨が降っても土壌が流出することはない。張った根が土壌を支え、雨水を吸収する。吸収された水は、土壌を通過するうちに濾過《ろか》され、きれいな水になって川に注ぐ。だから、日本の川の水は都市部以外では澄んでいる。黄河に泥水が流れているのは、流域の森林がなくなって、雨水が土壌を洗い流し、土砂を川に送り込んでいるためである。もともと黄色い川だったかもしれないが、それに拍車をかけたのは人間である。

もう一つの大河である長江の流域は、稲作文明であったから、右の話とはちょっと違うはずである。しかし、近年になって、農地開発や木材生産のために森林が乱伐され、流れ込んだ土砂で川底がとても浅くなった。長江の途中には洞庭湖《どうていこ》という湖があって水量調節の役割をして

中国・三峡ダム工事現場。せき堤の高さ185メートル、
長さは約2キロに及ぶ巨大ダム（写真／読売新聞社）

いた。この湖にも猛烈な勢いで土砂がたまり、湖面の面積は七十年間で三分の一になったという。このためか、一九九八年には大洪水が起き、死者四一五〇人を出した。大洪水は二〇〇二年の夏にも起こり、何万人もが被災する騒ぎとなった。

中国政府も事態を放置しているわけではない。長江流域の緑化事業をはじめているし、上流では三峡ダムの建設に着手した。このダムは世界最大規模で、治水も目的だが、原子力発電所十ケ所分といわれる水力発電施設となる。これで洪水は治まるかもしれないが、心配されるのは環境への影響である。六三〇〇キロメートルもの長さを誇る川を途中でせき止めたら、その上流にも下流にも変化が起こるはずである。それが気候や周囲の生態系にどんな影響を与えるのか、十分な予測がつかない。すでに欧米では、ダム建設による水質悪化や生態系の破壊が問題となり、脱ダム化が進んでいる。中国の場合、経済開発のために電力が必要だという事情が優先してのダム建設ではないか。そこが危惧《きぐ》される。

この問題も、温室効果ガスの削減問題と同様、政治問題である。先進諸国は先に電力をたくさん消費している。だから、中国に向かって、ダムづくりをやめろとはいいにくい。大きな流れで見れば、有史以来、都市をつくるために行われてきた環境破壊が現在にいたっており、その破壊力は格段に増した。それが国や地域によるタイムラグをもって、地球全体を覆い尽くそうとしているということなのである。その勢いはとどまるところを知らない。二億六千万年もの歴史をもつマレーシアの原生林さえ、開発によってどんどん減少している。

ひるがえって、日本の国土はどのような変化をしてきただろうか。現在の日本は、相当な勢いで環境を破壊している。しかし、少し前までは、ヨーロッパや中国と比べればずっと「環境にやさしい」国であったと思う。森林被覆率を見ただけでも、それがわかるであろう。その背景には、日本の自然が豊かで精彩に富んでいることと、日本人が自然と戦うのではなく、「手入れ」という独自の思想で自然とつきあってきたことがある。現在も上手な手入れが行われている例はたくさんある。

たとえば、「魚つき林」といって、漁師さんが山に木を植えている。日本の川の水がきれいなのは流域の森林のおかげだと述べたが、木を植えて川がきれいになると、その川が注ぐ海で植物プランクトンが増える。すると、魚や牡蠣《かき》がよく育つのである。日本は国土が狭いだけに、そういうフィードバックが速い。だから、漁師さんの目ですら山に向く。日本人が「手入れ」をまめに行ってきたのは、自然が手入れにきちんと応えてくれるからでもあろう。

これとは対照的なのが、長江である。一九九八年の洪水では、淡水が東シナ海に大量に流れ込み、その影響が日本近海に及んで漁獲量が減るという事態になった。中国では、川の長さが日本とは全然違うから、上流に住む人は河口やその先で起こることまで思いが及ばないのかもしれない。しかし「手入れ」が行われなかったために、洪水が起こっただけでなく、海洋環境まで影響を受けたことは教訓とすべきである。

第一章でも触れたが、日本独特の「手入れ」という思想が、これからの環境問題を解決していくうえで、きわめて重要だと私は考えている。以下では、日本の自然の特質と、日本人の自然とのつきあい方についてもう少し述べ、「手入れ」ということの意味を考えてみたい。

里山の「手入れ」

現在でも、日本は森林が豊かである。人工林が半分以上とはいえ、国土の七割近くが森林である。昆虫もたくさんいる。イギリスのように徹底的な環境破壊にいたらなかったのは、日本の自然が非常に丈夫だからである。雑木林を見ればわかるとおり、日本では切っても切っても木が生えてくる。だから、江戸時代には、毎年生えてくる分で需要をだいたいまかなうことができた。梅雨、夏の高温多湿、台風、日本海側の大雪は、人間にはありがたくないが、そのおかげで、日本の緯度はかなり北であるにもかかわらず、六月から九月までは植物が猛烈な勢いで繁茂する。

現代の日本人はそのありがたさに気づいていない。日本は資源の乏しい貧乏国だといわれてきたが、自然の生産量を見れば、その印象は変わる。植物の生産力が高いだけでなく、海に囲まれているから海産物が豊富にとれる。江戸時代は工業生産力が低かったが、こんなふうに自然が豊かだったから、なんとか食べてこられたのである。食べるだけではない。日本の「民度が高い」ことは、海外旅行をした人たちは、身をもって知っているはずである。その余裕は、自然環境の豊かさから生まれた。そうしたありがたい環境を、これでもか、これでもかと、ひたすら破壊してきたのが戦後の半世紀だといっても、私はいいすぎだとは思わない。

日本人が自然とつきあう独特の知恵として、戦前まで利用されてきた「里山」をまず取り上げるべきであろう。里山とは、農家や田畑に囲まれた雑木林のことである。雑木林からはさまざまなものが得られる。育った木は炭の材料や薪になるし、落ち葉や下草は堆肥になる。雑木林を維持し、上手に利用するため、江戸時代から農家の人たちが「手入れ」を続けてきた。根こそぎ森林をなくしたイギリスや中国とは対照的である。

雑木林は丈夫な自然の代表だと書いたが、草地に木が生えはじめたとき、成長するにまかせていると、関東以西では最後には照葉樹林になってしまう。照葉樹は日差しをさえぎるので、下の地面には下草が生えなくなる。下草と共存するようなさまざまな生物も生育できない。里山では、木の成長に合わせて手を入れることで、林が本来のそこでの自然林である照葉樹林になってしまうことを防いでいる。その結果、木々は十五から二十年というサイクルで成長し、交代していく。関東の場合、里山の雑木林は、コナラのように高さが一五メートル程度の高木とエゴノキのような一〇メートル程度の亜高木、さらに、低木、ササなどからなる。本来なら、シイやカシなどの照葉樹林になるところが、手入れのおかげでこのような生態系が保たれる。

　里山では、あるていど成長した木は伐採し、薪や炭にする。そのとき、切り株を残しておく。しばらく経つと、切り株や根からひこばえが生えてくる。この中から成長させるものを選び、残りは刈って燃料などに使う。ひこばえが成長するあいだ、地面への陽の当たり方がほどよく調節され、下草が生えてくる。この下草を頻繁に刈って燃料や堆肥に利用する。木々はさらに成長し、秋にはたくさん落ち葉が落ちる。これも堆肥に利用する。そして、成長してきた木をまた伐採する。このサイクルが繰り返される。

　里山の雑木林が教えてくれるのは、自然は手を入れたほうが、一面では豊かになるということである。私は鎌倉で生まれ育ち、いまも鎌倉に住んでいる。戦前は、鎌倉の山も里山として手入れを受けていた。だからそういう環境に適応したさまざまな生きものがいた。戦後は炭焼きも下草刈りもしなくなったので、鎌倉の山はいまのほうが自然林に近い。クヌギやナラがすくすくと伸び、ところどころにあった照葉樹は大木となり、林内は暗くなり、自然林に棲む虫のほうが優勢になってきている。三〇メートル、四〇メートルの大木になったクヌギやナラは、台風の強風にあえば、やがて倒れてしまうはずである。これがさらに進行すれば、昼なお暗い照葉樹林になるであろう。いわゆる鎮守の森である。それはそれでいいが、それでは縄文時代に戻る。すべてを縄文に戻すことはないであろう。

子どものころ、鎌倉市内を眺めわたすことのできる小高い丘が気に入っていた。いまはそこに登ってもなにも見えない。木が大きくなり、葉が茂ったから、見通しが悪くなってしまったのである。戦前といまのどちらがよいと、一言で片づけられる変化ではない。ただ昔は人間がずいぶん手を入れていたのだなとわかる。日本人と自然とのつきあいは密接だったのである。

究極のリサイクル

日本人はいまもリサイクルに熱心な人が多い。しかし江戸時代は生産力が低かったこともあって、もっと徹底的なリサイクルが行われていた。着物は何回も仕立て直し、親子で着たり、三代で着たりした。浴衣もおしめやぞうきんにして使い切った。布地をつくるのにたいへんな労力がかかったから、いまのように流行遅れだとか、飽きたという理由で衣類を簡単に捨てることはしない。布地として利用できる限り、利用し尽くした。

江戸時代のリサイクルで特筆すべきは、屎尿《しにょう》処理であろう。当時の農業では、田畑の周囲から刈り取った草をすき込んで肥料にする方式がとられていた。しかし農地開拓が進むにつれて肥料にする草が不足し、人の屎尿やかまどの灰が肥料として使われるようになった。屎尿を雪隠《せっちん》に蓄えておき、農家がそれを引き取りに来る。やがて屎尿の流通体制ができあがり、農家は仲買や問屋を通して屎尿を買うようにすらなった。

江戸は人口一〇〇万人といわれ、当時の世界でも有数の大都市だったが、下水道はなかった。それは、右のような仕組みで屎尿がリサイクルされていたからである。同じころ、欧米では、屎尿を川に流した。ロンドンを流れるテムズ川では、川辺に立っていた人が川から立ち上るガスを吸い、転落して亡くなったという。パリの街では、壺にためておいた屎尿を窓から道に捨てる習慣もあった。だからヨーロッパの都市では下水道が発達したのである。

水洗便所が進歩で、汲み取り便所が時代遅れというのは、単なる偏見である。ここにも現代人が自分と折り合えない面がよく出ている。屎尿はもともと自分が出したもので、それなら要するに自分の一部である。それが「汚い」とは、どういうことか。

「ツバキは口のなかにあると汚くないのに、どうして外に出すと汚いの」

子どもにそう訊かれて、大人は往生する。都会人は野蛮人を軽蔑するが、偏見をもつ点では、両者五分五分であろう。

私は畑に屎尿が撒かれていた時代の育ちである。そこにはたくさんの小さな虫がいた。いまではほとんどいなくなった。里山の自然が豊富だということと、屎尿を撒いた畑の虫が豊富だということには、似た面がある。虫を増やすために屎尿を撒けとはいわない。しかしそれでも十分に人間は生きてきたことを、忘れないでほしいと思う。人間のつくった制度が、非人間的な生活を強制する。同じやらなければならないことでも、それと屎尿処理とは、話が違うことを、人は忘れやすい。前者はまさに人工の問題、後者は自然の問題なのである。

江戸は大都市であったのに、中国やヨーロッパの都市のように、徹底的な環境破壊にいたらなかったのはなぜだろうか。日本の自然が丈夫であったことに加え、日本では都市の範囲が狭く、すぐまわりに田舎が共存していたからではないかと思う。一例を挙げると、荻生徂徠《おぎゅうそらい》の父親は、将軍綱吉の侍医だった。ところが綱吉の不興を買い、江戸から放逐された。流された先は、いまの千葉県茂原である。平野が少なく、交通が限られていたからかもしれないが、江戸からほど近い千葉が、僻地として流刑に近い処罰のために使われていたのである。田舎が近くにあるということは、都市と自然が断絶していないということである。これは人々の考え方に影響する。すでに述べたように、心と身体の関係と同じで、身体がたえず身近にあることが大切なのである。身体はしばしば意識できない。感じるしかないからである。

そもそも日本の都市には城壁がない。シャープな仕切りがなくて、徐々に村的なものへと移っていく。弥生時代後期の吉野ヶ里遺跡は濠《ほり》で囲まれた大規模な集落だが、それ以後は、都市の周囲を仕切るという発想はなかったように思う。その点に、私は非常に興味をもっている。唐の長安城は城壁で囲まれていたが、それを手本にした平城京は、大内裏こそ土塀で囲まれていたものの、町全体を囲む塀はなかった。そのためか、都が平安京に移った後はあっさりと忘れ去られ、農地になったという。平安京にも、塀が築かれた形跡はないと思う。おそらく日本人は、都市と村のあいだに塀など必要ないと思ったのだろう。塀がないということは、都市の人間と自然とのあいだに、つねに行き来があったことの表れではないかと思う。

日本人の自然観のルーツ

中国と日本の都市観の違い、ひいては、自然とのつきあい方の違いについてもう少し考えてみたい。興味深いことに、中国の思想は二通りに分かれている。自然とつきあう思想は老子と荘子による老荘思想であり、世間とつきあう思想が孔子と孟子に代表される儒教である。儒教は都市イデオロギーそのもので、いわばそのアンチテーゼが、老荘思想となる。老子は「大道すたれて仁義あり」という。都会というのはうるさいところで、ああしちゃいけない、こうしちゃいけない、ああしろ、こうしろといわれる。頭で考える仁義だけの世界である。そのような都市の状態を、老子は、本来の道である大道を見失っているから、仁義が必要になると指摘した。つまり、仁義なんてことをいわなければならないようになったら、世の中はおしまいだということである。「無為にして化す」という有名な言葉も、すでに述べた「なにもしないこと」の評価に通じている。大道を自然の法則と解釈しても、さほど的外れではないであろう。

老荘思想と儒教は、いずれも春秋戦国時代に生まれた。この時代、中国では自然と都市のあいだで、あるバランスが保たれていたと思う。だから諸子百家なのである。その後、全国を統一した秦は、土建文明の国家だった。エジプトでピラミッドがつくられ、ローマで水道がつくられたように、秦の始皇帝は万里の長城をつくった。始皇帝の陵を取り巻いて数千の兵馬俑《へいばよう》がつくられたことをみても明らかなように、秦の文明は土建文明の典型である。始皇帝は焚書坑儒で儒教を弾圧したが、秦があっという間に滅びると、漢の時代には儒学者が登用されるようになった。このときに中国の都市文明が完成したとみてよいと思う。漢以降の中国はずっと都市文明が主流となり、従って儒教が中心となる。体制的には儒教に負けた形の老荘思想は、田園の思想、個人の思想として生き延びることになった。

儒教は日本に早くから伝えられたが、江戸時代には朱子学が幕府の御用学問となり、封建制度を支える体制思想となった。都市化するときにまず儒教を取り入れるというのは、中国だけでなく、中国の影響を受けたいわゆる儒教圏の韓国、ベトナム、日本に共通している。朱子学では、天の道と人間の道が一致する。天人一致である。見ようによってはこれは、人間のルールこそが世界のルールになるという考え方であり、まさに都市にふさわしい思想であった。

これに対して、江戸時代には山鹿素行《やまがそこう》、伊藤仁斎、荻生徂徠らにより、民間から古学が起こった。江戸幕府が体制思想とした朱子学ではなく、儒教の始祖である孔子、孟子の教えに帰ろうという学派である。注意しておくが、「古」という言葉がつくのは、この時代には革新運動である。だから明治も王政復古、明治維新なのである。中国の歴史観では、堯《ぎょう》、舜《しゅん》といった古代になるほど理想社会に近づく。過去ほどよい時代だったというのである。われわれが当然としている進歩史観の逆である。だから「古」という字が革新運動の頭につくのである。

古学はきわめて日本的な思想だった。徂徠の『弁道』にある「道は先王の道、天地自然の道にあらず」という言葉は、日本型の思想を一言でいいえている。徂徠は、堯、舜、禹《う》、孔子を聖人と規定する。先王とはこれらの聖人を指す。社会の正しい道は先王の道だが、それは天地自然の道ではない、つまり人間がつくったものだという。自然の道と人間の道という、二本の道を別々に立てているのである。

二宮尊徳もこれとよく似た思想を展開している。尊徳も天道と人道を分ける。人間は家を建て、塀をつくる。それを放っておけば、屋根は雨漏りをはじめ、ペンペン草が生える。塀は崩れる。それは天道である。そうならないように、人間が手を入れる。それが人道である。だから人道とは、やかましく、うるさくいわなければ、立たないものだ。尊徳はそういうのである。

そういうわけで、私が述べてきた自然と人工の区別は、日本の思想としては別に新しいものではない。徂徠にせよ尊徳にせよ、江戸時代には一般に広く受け入れられた。日本人の生き方、その背後にある思想を、きちんと表現したからであろう。ところが、徂徠も尊徳も、明治以降のインテリには人気がなかった。この二人は、和魂洋才の「和魂」の部分である。明治以降のインテリは、和魂の部分を意識下に追いやって、意識的には洋学を取り込んだ。だから、この二人は受けなかった。しかしアジアの中で日本だけが、西洋風の自然科学をあっという間に身につけたのは、人間の道とは別に天地自然の道が立っていたからに違いないと思う。

このことは、杉田玄白以前に、日本ではじめて官許の解剖を行った、山脇東洋の事例にもよく出ている。東洋が解剖を志したのは、徂徠の影響である。本人がそう書いている。さらに東洋はなんといったか。「堯の蔵、紂《ちゅう》の蔵、蛮貊の蔵」は同じだ、と述べた。理想の王とされる堯、悪王の代表とされる紂、野蛮人、だれの内臓も同じだ、と。江戸時代の半ばに、こういう考えを医者がもっていた。そう思っている現代人がどれだけいるであろうか。こういう国に、自然科学が起こらないはずがない。

日本の思想史は、まだきちんと書かれていない。私はそういう印象をもっている。時代が変わると、すぐ前の時代をすべて否定することからはじめる。だから連続した流れがつかめない。日本人が環境問題に取り組むときの思想を把握するには、自然との関わりについて、日本人がどのような思想をたどってきたか、それをきちんと知る必要があると痛感する。思想史の専門家でもない私が、ここで私論を述べたのは、そうした問題提起のつもりであると理解してほしい。

「手入れ」で保たれる環境

里山と屎尿処理を取り上げて、戦前までの日本人が自然と上手につきあってきたようすを述べた。そうした態度は、日本の自然と、そのなかで育まれた日本人の思想と深く結びついている。それも説明した。

戦後は、燃料が薪や炭から石油やガスに変わり、肥料が堆肥や屎尿から化学肥料に変わった。だから、里山の手入れも、屎尿のリサイクルも行われなくなった。暮らしは便利で清潔になったが、エネルギーは大量に消費されるようになり、屎尿は排水として処理が必要となった。ここで取り上げた以外にも、戦前までの日本人の生活様式の多くがすたれた。代わりに登場した新しい生活様式は、環境に大きな負担をかけるようになった。

環境への負担を軽減するには、生活様式を戦前のように戻せばいい。それはしかし困難である。それでもいまの生活に「手入れ」という感覚をもちこめば、少しずつでも環境にやさしい暮らし方になっていくだろうと思う。「手入れ」は、自然とつきあうときにだけ必要なのではない。身づくろい、化粧、子育てなど、日常生活のあらゆる場面に関わっている。仕事をするときも、家事をするときも、食事やレジャーを楽しむときも、心の底に「手入れ」という気持ちがあるかどうかで、小さな判断すら変わってくる。

手入れとは、まず自然という相手を認めるところからはじまる。先の天道と人道を立てることは、それぞれを認めることである。どちらか一方という、一元論ではない。朱子学を文字どおり採用するなら、人道が優先してもおかしくない。江戸の庶民は、それではダメだと知っていた。なぜなら小話になっているからである。「お日様、お月様、して星めらは」、という表現が出てくる。これは殿様、重臣、ただの侍という「人道」を、自然の世界に及ぼす馬鹿らしさを笑っているのである。

相手を認めるなら、次にそれを自分の都合のいいように動かすにはどうするか、その問題が出てくる。それが「手入れ」の基本である。原理主義者のいうように、まったく手つかずの自然を、自然の理想だとしよう。その対極には、都市がある。そこではすべてが人工物である。すでに述べたように、身体は自然である。それなら、原理主義者はそれを放置しておくことになる。女性でいうなら、いっさいの手入れ、つまり化粧もなにもしないということである。そんな女性がいるか。逆に身体を都市化するなら、美容整形ということになる。意識の思うとおりに、顔という自然を改変するからである。どちらも一般的でないことは、ただちにわかるはずである。生まれついての自分の顔を、なんとか「見られるもの」にしようとして、毎日鏡に向かい、ああでもない、こうでもないといじる。それを何十年か続けるなら、まさに「自分の顔」というものが生まれてくる。その過程こそが「手入れ」なのである。

毎日やる。そこもきわめて重要である。そこから生じるのが、努力・辛抱・根性というよく知られた性格である。高度成長期から、若者が嫌う言葉の代表として、この三つが挙げられた。手入れの思想が都市化とともに消えていったことが、それでよくわかる。田舎に住んでいれば、いまの若者でも、手入れはわかっているはずである。

手入れは化粧だけではない。子育てもまったく同じ原理である。自然は予測不能だと述べた。子どもの将来を予測することは、完全にはできない。だから母親は毎日、ガミガミいう。「やかましく、うるさく」人道を説く。それでも思いどおりの大人になるかどうか、そんな保証はない。しかしそれ以外にやりようはない。田畑で働くのも、まったく同じだということは、もはやいうまでもないであろう。「手入れ」とは、生活のすべてを包含する原理だったのである。

もちろん「手入れ」というのは、だから加減がむずかしい。たとえば、里山は多くの生物からなり、刻々と姿を変える複雑なシステムである。そのシステムをいつも良好な状態に保つには、相手のおかれている状態を知り、これからどのように変化するのかを、あるていど予測しなければならない。それには対象と頻繁に行き来し、相手のようすに合わせて手の加え方を決めていく必要がある。「システム」というものの特性については、次章で詳しく論じるが、「手入れ」とは、バランスを崩しやすいシステムに、加減を見ながら手を加え、システムを強固にしてやることなのである。

「手入れ」は、自然にいっさい手を加えないという環境原理主義とは対極的な考え方である。人間と無関係な自然はありえない。人間と関係をもってしまった自然にはきちんと手を入れ、自然のシステムを守ってやらなければならない。

「手入れ」と「コントロール」は違う。「手入れ」は相手を認め、相手のルールをこちらが理解しようとすることからはじまる。これに対して「コントロール」は、相手をこちらの脳の中に取り込んでしまう。対象を自分の脳で理解できる範囲内のものとしてとらえ、脳のルールで相手を完全に動かせると考える。しかし自然を相手にするときには、そんなことができるはずがない。虫を追いかけているのも、虫がどこにいてなにをしているのか、自分の脳がすべて把握できるわけではないからだ。相手を自分の脳を超えたものとして認め、できるだけ相手のルールを知ろうとする。これが自然とつきあうときの、いちばんもっともなやり方だと思う。

環境問題とは、人間が自然をすべて脳に取り込むことができ、コントロールできると考えた結果、起こってきたとみることもできる。それと裏腹に、自然のシステムはとても大きいから、汚染物質を垂れ流しても、「自然に」浄化してくれるだろうという過大な期待もあった。人間は自然を相手にするとき、理解できる部分はコントロールし、理解を超えた部分には目をつぶってきた。一言でいうなら、相手に対する謙虚な姿勢がなかったのである。

水俣病の教訓

自然をコントロールすることで、経済が発展し、生活は楽になった。その印象がどこまで本当か、きちんと吟味はしていないであろう。あんなことまでやる必要がどこにあったか。そういうことも、たくさん行われた。田んぼのコンクリートの側溝から、ゴルフ場の開発、河川の改修など、その例は枚挙にいとまがない。相手を理解してコントロールしているつもりが、いつのまにかコントロール不能になる。環境問題の多くは、そのために深刻化した。

その最悪の例の一つといえるのは、一九五〇年代に多くの患者を出した水俣病である。毎日出版文化賞の選考委員として、西村肇さんと岡本達明さんという人が書いた『水俣病の科学』(日本評論社)という本を読んだ。公害問題がどのように発生したかを典型的に表していると思うので、ここでその内容を少し紹介したい。

水俣病は、大手化学メーカーであるチッソ水俣工場からの排水が原因となった公害病である。排水に含まれた有機水銀が熊本県水俣湾の魚類に蓄積され、それを食べた沿岸住民に発疹や視聴覚・運動の障害などの中毒症状が現れた。有機水銀は、アセチレンからアセトアルデヒドをつくるときに触媒として使う水銀に由来する。当時、世界にも日本にも水銀触媒を使うアルデヒド工場はいくつもあった。しかし、公害病を出したのは、水俣と、昭和電工鹿瀬《かのせ》工場の排水が流れ込んでいた新潟県阿賀野川の流域（第二水俣病と呼ばれることもある）だけである。

なぜか。西村さんは化学工学の専門家としてこの謎に挑んだ。水俣病が発生した当時の工場の作業員からの聞き取りを行い、操業に関するデータを可能な限り集め、さらには実験室での実験も行い、チッソの水俣工場でなぜ有機水銀が発生し、流出したかを追求した。その結果を中心にまとめられたのが『水俣病の科学』である。

それによると、有機水銀が大量に発生したおおもとの原因は、水銀の活性を保つために使われる助触媒を変更したことであった。化学反応の知識に基づいて能率を上げようと工程を変更したら、それが裏目に出たのである。しかし、この工程がきちんと進めば、水銀を含んだ反応液が大量に流出することはなかった。問題はいくつも重なった。

まず、チッソの水俣工場では、助触媒として、手近で手に入る不純物の多い材料を用いた。材料費を節約しようとして、本来必要とされる純度の材料を使わなかったのである。そのために反応装置の運転がうまくいかず、反応液が大量に廃棄されることとなった。さらに、設備の老朽化を放置したために、反応装置がひび割れを起こし、そこから大量の反応液が流れ出すこともしばしばあった。うまく運転されていたときにも、運転に用いた水の塩素濃度が高かったため、水銀が排水に含まれやすくなっていた。しかも、工場からのすべての排水は、なんの処理もされずに水俣湾に放出されていた。そこには、海に流せば自然がきれいにしてくれるという過信もあったろう。こうして、大量の水銀が水俣湾に流れ込んだのである。

化学反応をコントロールしているつもりだったのに、実際には、コントロールできていなかった。それが悲惨な被害につながったのである。また、この話は、さまざまな条件がすべて悪いほうに転んだときに、予期せぬことが起こるという例でもある。それらの要件のうち、どれか一つでも逆になっていたら、水俣病は起こらなかっただろうと、西村さんたちは書いている。環境問題の発生についての貴重な教訓である。

手入れとコントロールの違い

『水俣病の科学』は、もう一つの問題も提起している。西村さんはこの本で、触媒の水銀から有機水銀ができる仕組みを、最新の化学の知識に基づいて明らかにしている。水俣病の原因がアセトアルデヒド製造工場を源にする水銀であることは、一九六八年に正式に認定された。しかし、どのようにして無機水銀から有機水銀ができたのかという化学反応の機構は、この本が書かれるまで解明されていなかった。西村さんは化学者だから、その機構を解明したいと思った。ところが日本化学会の会員の反応は「そんなことを調べてなんになるか」というものだったという。日本で起こった、あれだけ大きな事故だったにもかかわらず、日本の化学は公にはなにもしてこなかったのである。

コントロールが具体的に「手入れ」と大きく違うところは、容易にマニュアル化されるということである。マニュアルとは、特定の目的を果たすために必要な手続きを、きちんと定めたものである。だから、相手が変化しない、あるいは単純なときにはうまくいく。しかも、手続きがきちんと保証されていると、人間は安心する傾向がある。だから、すぐにマニュアル人間ができる。しかし、そこには落とし穴がある。手続きをきちんと果たしていると、相手の状態が変わり、目的が変わったときでも、そのことに気づかなくなってしまう。科学も同じである。科学は手続きが厳密だから、手続きに従ってやっている限り、たとえ目的が間違っていても、正しいことをやっていると、本人が思い込む可能性がある。官僚制を考えたら、すぐにわかるであろう。官僚制とは、手続きを制度化したものにほかならないのである。

「手入れ」は、マニュアル化できない。里山の刈り方を、何月何日に下草をどれだけ刈るなどとマニュアル化してしまったら、生き生きとした里山の状態は保てない。「手入れ」の出発点は、相手を認めることにあると先に述べた。コントロールすべき対象ではなく、自分と同格のものとして相手を認める。自分が手を入れたら、相手がどのように反応するか、次にそれを知らなければならない。しかし自然という相手は、そう簡単には自分の姿や反応を見せてくれない。だから自然を知るためにあれこれ努力し、長い時間にわたって辛抱し、それでもやがてはわかる、と頑張る根性をもつことが要求されるのである。

努力・辛抱・根性という日本人の国民性は、自然とつきあい、「手入れ」をするなかで培われてきたのである。最近の人は「一言でいってください」とか、「脳の謎はいつ解明されますか」とか、性急な答えを要求する。悪い癖である。戦後すぐに私がアメリカ人を見たとき、むしろ単純な人たちだなと思った。逆にマッカーサーは、日本人が社会制度の中で行動するとき、子どもっぽいと見た。それが「日本人は十二歳」という表現になった。しかし自然というシステムに対してどう対処するか、それについては、日本人のほうがずっときめが細かく、よく理解し、つまり大人だったと思う。そうした長所をその後の日本人はどんどん捨ててきた。いまは日本人もかなりアメリカ化した。要するに日本人は都市化したのである。

第四章　多様性とシステム

生物多様性という呪文

生物多様性なんてものが、なぜ重要か。環境への関心が薄い人に対しては、この説明がいちばんむずかしい。生物多様性の減少は、温室効果ガスと並ぶ地球規模の問題である。野生動物を保護しようというワシントン条約や、湿原を守ろうというラムサール条約が結ばれてきたのは、多様性保護の一環である。一九九三年には生物多様性条約が発効し、これまでに日本を含めて百八十ケ国以上が締約国となっている。マスコミに生物多様性という言葉が登場する機会も増えた。

しかし、条約を結んでまで守らなければならない生物多様性、「そりゃいったいなんだ」となると、おおかたの人は理解しないのではないだろうか。つまりは私の虫取りである。虫なんか捕まえて、なんになるのだ。

条約に基づき、環境省は生物多様性問題に取り組むための国家戦略をまとめている。それを見ると、生物多様性の現状として、

「開発や乱獲などにより多くの種が絶滅の危機にあること」
「人間の生活スタイルが変化したことによる里山などの荒廃」

「移入種や化学物質による生態系への影響」

が挙げられ、生物多様性の保全と持続可能な利用の理念として、

「人間生存の基盤」

「有用性の源泉」

「豊かな文化の根源」

などが並び、目標として、

「種・生態系の保全」

「絶滅の防止と回復」

「持続可能な利用」

が掲げられている。


生物多様性という言葉自体がそうだが、全部が漢字である。右の国家戦略の要約もほとんど漢字ばかり。「生物多様性」という言葉に代わる「やまとことば」が現れるまで、この概念は定着しない。私はそんな疑いをもっている。環境省の内輪でも、絶滅は説明しやすいが、多様性はむずかしいといわれているらしい。

なぜ生物多様性を保護する必要があるのか。私の答えは単純である。「人殺しはいけない」というのと、その根本は同じことなのである。

なぜか。殺人というと、ほとんどの人が「人が人を殺す」と考える。しかし、もっと具体的に考えると、たとえば出刃包丁とか、ピストルの弾が人を殺す。問題はそこである。どういうことか。出刃包丁は、人に比べたら、むやみやたらに単純な道具である。ピストルの弾も同じ。きわめて単純な金属の塊《かたまり》にすぎないではないか。そんなものに、人を殺す権利はない。私はそう思う。

子どもが時計を分解する。分解するのは簡単だが、もう一度組み立ててろといわれたら、まず不可能であろう。システムというのは、そういうものである。時計どころか、人体となれば、いったん壊したものをもとに戻すのは、当たり前だが、不可能である。私は解剖学の出身で、人体をもっぱら「分解」していたから、それはよくわかっている。

それなら素手で殺したらどうか。まだマシである。相手もそれ相応に抵抗するに違いない。人を一人殺すのは、そういう状況では、容易ではないことがすぐにわかるであろう。だから昔は、喧嘩で刃物を持ち出したら「卑怯」だといわれたし、まして飛び道具はまさしく卑怯だったのである。

要するになにがいいたいか。システムは複雑なものだが、それを破壊するのはきわめて簡単なのである。他方、システムをつくり上げるのは、現在までの人間の能力では、ほとんど不可能である。それがいいたい。だからこそ、安易に自然のシステムを破壊してはいけないのである。

とくに生物について、仏教はそれをきちんと教えてきた。私はそう思う。「生きとし生けるもの」「一寸の虫にも五分の魂」「一切衆生（あるいは山川草木）、悉有仏性《しつうぶつしょう》」、こうした表現はそれをよく示している。

ブータンの人は、ビールにハエが飛び込んだら、拾い出して放してやる。それから私の顔を見て、「お前のおじいさんかもしれないからな」といって、ニヤリと笑う。私も笑うが、これは同意の笑いである。絶対に人を殺すな。そんなことはいわない。戦争だって、自動車事故だって、死刑だって、人はしばしば人の手にかかって死ぬ。医者なら、それをイヤというほど知っている。私自身は、患者さんを殺すのがイヤだから、臨床医になれなかったくらいである。人が人を殺すことはあるが、そのときに、自分でつくることのできない、複雑微妙なシステムを、自分が破壊しているという気持ちがなければならない。いわゆる「文明人」にいちばん欠けているのがそれだ、ということは、多くの人が気づいていることであろう。だから戦争ばかりしているのである。

生物多様性を維持するというのは、じつはその延長である。人間のつくり出した技術は強力だという。たしかに人間自体を簡単に殺すという意味では、素手に比べて、ピストルは強力である。しかしピストルの単純さと、人間の複雑さを比較してみればいい。人間に比較したら、ピストルなんて、それこそバカみたいなものにしかすぎない。月までロケットが飛んだ。そんなことをいって、人間は威張ってみるが、飛ぶだけならハエだってカだって飛ぶ。それならハエやカがつくれるか。そもそも人間はロケットの仲間か、ハエやカの仲間か。

現代社会は、ハエやカよりもロケットに価値を置く。なぜならロケットは人間が意識的に考えたもので、考えたとおり月に行くから、意識は得意になるのである。それならハエがつくれるかというなら、とんでもない。むしろそれが不可能だとわかっているから、ロケットをつくろうとするのであろう。人間自体に価値を置く文化であるなら、ロケットよりも、人間の仲間であるハエやカのことを考えるはずである。生物というシステムについて、より真剣に考えるはずなのである。それがそうでないのは、意識中心の社会をつくり、意識的な存在のみを評価したからである。

生態系とは、ハエやカを含めた生物が、全体としてつくり上げているシステムである。その複雑さはとうてい把握しきれないほどのものであり、だからこそ意識はそれを嫌うのであろう。自分には、わからないことがある。それを意識は嫌う。だからバカという言葉が嫌われる。しかしいかに嫌ったところで、意識には把握しきれないものがあるという事実は変わらない。

生物多様性とは、つまりは「生きとし生けるもの」全体を指している。それはただ生きているというだけではない。その構成要素がたがいに循環する、巨大なシステムをなしている。それを「壊す」のは、人殺しと同じで、ある意味で「簡単」だが、「つくることはできない」のである。その意味で、現代人は時計を分解している子どもと同じである。なにをしているのか、一つ一つの過程は「理解している」つもりであろうが、全体としてなにをしようとしているのか、それがわかっていないに違いない。だから「生物多様性の維持」という妙な言葉になるしかないのである。

トキがいなくてなにが困る？

わずか数羽しか残っていないトキは、国民の大きな関心を集めてきた。保護されたトキが卵を産み、ひながかえって育つ過程は、マスコミに大きく報じられた。二〇〇三年十月、日本最後のトキが死亡した。ある生物が地球上から消え去ってしまうという事実は心に訴えかける力がある。少し想像力のある人なら、トキの絶滅を招いたのは、環境変化だろうということに思いいたるだろう。実際にはトキのように個体数が減ってしまった生物を何羽か増やしたところで、もとから棲んでいた場所には帰せない。絶滅しそうな生物を保護しても、自然というシステムからはすでに切り離されている。自然というシステムから見れば、絶滅したのと同じことである。

2003年10月10日に死亡した日本最後のトキ「キン」（写真／読売新聞社）

絶滅の危機を叫ぶと、逆にその意味が薄れる可能性がある。具体的には、トキの保護に懸命な皆さんのようすが報じられると、「なぜあんなに必死になるのだろう。トキが死に絶えたって、人間の生活に関係ないよ」と考える人も出てくるはずである。メダカも同じである。メダカが絶滅しそうだといわれても、「童謡には歌われているけれど、食料になるわけでもないし、絶滅したって困らない」と考える人もいると思う。こういう発想が出てくるのは、ある生物が絶滅しても、それが自分にどう跳ね返ってくるか、それが見えないからである。

じつはそこに多様性の意味がある。自然はたくさんの構成要素が複雑に作用しあう巨大なシステムである。システムというものは本来、それを壊そうとする力が働いても動かない、安定なものである。ある生物が絶滅しても、なにも起こらないようにみえるのは、自然というシステムがいわば「自動安定化機構」をもっているからである。しかし、システムにも弱点はある。いわば思いがけないところをつかれたとき、一気に崩壊することもありうる。ピストルの弾ですら、人を殺すのである。

トキが自然界から隔離されても、いまのところ、自然というシステムはさほど影響を受けていない。しかし別の生物だったら、破綻にいたることがあるかもしれない。それは、トキがシステムにとって重要でなく、別の生物が重要だという意味ではない。自然というシステムは、たくさんの生物が影響しあって微妙なバランスを保っている。だから、どれかが欠けたときにどんな影響が現れるかは、よくわからない。そのときの状況によって左右されることもあるかもしれない。いまの場合、トキの影響は目に見えるほどではなかったが、別の条件の下だったらもっと深刻な事態を招いたかもしれない。あるいは、長い時間が経ったあとで、大きな影響が現れるかもしれない。システムを構成するなにかが欠けたとき、どんな影響がいつ現れるかは、予測がつかない。

これを逆向きにいうと、システムを構成する要素は、システムを維持するためにいつもなんらかの役割を果たしている可能性があるということになる。だから、システムの構成要素をいたずらに減らすことは慎むべきなのである。自然の構成要素である生物の多様性を保つ必要があるのは、そのためでもある。

実際に日本で、ある生物が絶滅したために、システムが大きな影響を受けた例がある。オオカミである。日本には昔、オオカミがたくさんいた。それは「山犬」という地名が残っていることからも知れる。しかし、オオカミは明治時代に絶滅した。人間に追われて棲む場所がなくなっていったことと、犬の伝染病であるジステンパーに感染したことが原因だという。最後まで残ったのは、おそらく山の深い紀伊半島であろう。

オオカミがいなくなれば、オオカミに食われていた動物が増える。その最たるものがシカである。奈良のシカは有名だが、東北でも、北海道でも、日本のあちらこちらでシカが増え続けている。最近では増えすぎてさまざまな弊害が出ている。道路に飛び出してきて運転が危ないし、牧場に入り込んで牧草を食べてしまう。生態系への影響も深刻である。自然というシステムのバランスを考えれば、人間がオオカミの代わりをしてシカを減らさなければならない状態である。それなのに、まだシカは手厚く保護されている。

そこには、シカを殺すのはかわいそうだという情緒的な発想や、自然はそのままにしておくべきだという環境原理主義が働いている。しかし、天敵がいなくなったり、ある動物だけを保護したりすれば、システムのバランスが崩れ、別の生物が影響を受ける。システム全体のバランスを保つには、ここでも、上手に自然に手を加える「手入れ」という思想が必要なのである。

かわいそうだから殺さないというのは、システム全体から見れば、かならずしもプラスにならない。

虫の世界でも、こうしたことは頻繁に起こっているはずである。しかし、人間の生活にあまり関係がないので、気づかれない。昔は害虫の大発生がよく問題になったが、最近はすぐに農薬を撒いてしまうので表に出てこない。そもそも、「害虫の大発生」というが、当の虫にしてみればシステムの条件変化に適応しただけのことである。イナゴ（サバクトビバッタ）は、乾燥した気候が続いて、餌が不足してくると、翅の長いタイプが生まれて大旅行をする。餌を求めての集団飛行が大発生と呼ばれたのである。

自然がシステムであるとわかれば、ある生物が別の生物よりも大切だとか、この生物は要らないという発想は出てこない。どの生物も生きていることが大切だとわかるはずである。人間にとって有用か無用かという判断基準で分けるから、害虫と益虫といった分け方が出てくる。だが、人間が害虫だと考えようが、益虫だと考えようが、それとは関係なく虫は自然のなかで生きている。自然というシステムを構成しているという点では、どの虫も、ある意味で欠かせない存在なのである。

二十世紀の科学は、システムという視点を抜きにしてさまざまな問題を扱ってきた。システムの構成要素を一つ一つ取り上げ、それを追求してきた。そして、要素に分ける手法はコントロールのための科学を進展させるのに役立ち、一定の成果を上げてきた。しかし環境問題というシステム全体の問題に取り組むには、この手法はあまり役に立たない。個々の要素をいくら追求しても、システムは理解できないし、システムがどのように動いていくのかもわからないからである。これからの科学は、システムを扱えるものにならなければならない。システムという視点がなぜ必要なのかをもう少し詳しく述べてみたいと思う。

人間は細胞さえつくれない

自然環境はあまりにも大きなシステムで、自分が構成要素であることを見失うぐらいだが、他方、物理的に小さなシステムもある。細胞はその代表である。ふつうは百個並べると、ほぼ一ミリになるくらいの大きさである。とはいえ、小さいからシステムとして単純だというわけではない。細胞の構成要素は、タンパク質だけでも種類はおそらく万の桁に上る。その他にも糖、脂質、核酸、さらには金属イオンなど、さまざまな要素を含む。それほど多くの要素が相互作用したり、変化したり、出入りする。こうして、細胞というシステムは、自分で栄養を採り、エネルギーをつくり出し、いらないものを捨て、必要に応じて分裂して増える。つまりそれ一つで、生きものの基本的性質をすべて備える。だから単細胞生物が存在するのである。

細胞というシステムの特質は、システムの安定を保つために、つねに自らを修正していくことである。それを進化と呼ぶ。歴史的には、つまり進化的には、システムは次々に新しいシステムを取り込んでいく。ミトコンドリアは細胞に共生した生物だと見なされるのである。

人間が人工的に細胞をつくり出すことは、いまのところ不可能である。いま細胞をつくることができると思っている研究者も、ほとんどいないであろう。システムの原理もわからないし、そもそも何万種類もの要素が絡み合って動いている系を、どうやってつくれというのか。「実際の細胞を観察して、個々の要素が時間とともにどのように変化し、どのように相互作用するのかを調べて、それをまねればいい」という意見もあるかもしれない。しかし、何万種類もの成分の量を刻々と正確に測定する方法はない。細胞についてなにかを測定しようとすれば、その操作で細胞の状態は変わってしまう。

最近は、生物のゲノムを解明しようという試みがさかんである。ゲノムとは、ある生物がもっている遺伝情報をすべて合わせたものである。この遺伝情報は、ＤＮＡの塩基配列という記号で書かれている。ゲノムの解読とは、塩基配列をすべて調べるということである。これまでに、さまざまな生物のゲノムが調べられており、ヒトのゲノムもおおむね解読されている。塩基の総数は三十億対、遺伝子の数は三万数千と計算されている。そういうニュースは大きく報じられるから、生物学をあまり知らない人たちは、これで生命の秘密はわかるだろうという気分になるかもしれない。

そう思うなら、それは間違いである。生物は生きて動いているからである。生物や細胞は遺伝子に書き込まれた情報を読みとり、動いているシステムである。だから、遺伝子だけがわかっても、読みとりシステムである細胞はわからない。誤解しないでほしい。遺伝子を調べても意味がないといっているわけではない。遺伝子で理解できる範囲のことは、遺伝子を調べれば理解できる。だが、それで生物がわかると思ったら、話が違う。それがシステムはわからないということなのである。新聞さえ読めば、世間がわかるか、テレビを見ていれば、世間がわかるか。DNAを読んでも生物はわからないというのは、それと同じことである。

遺伝子で生物がわかるという立場に立つと、システムも遺伝子がつくり出しているようにみえてしまう。たとえば、細胞の中のAとBというタンパク質が相互作用して結合する場合に、「タンパク質AとBが結合するように遺伝子が指令している」と表現することがある。しかし、タンパク質同士の相互作用の仕方自体が、遺伝子に情報として記されているわけではない。細胞が遺伝子の情報からタンパク質Aをつくり、別の遺伝子からBをつくると、細胞という場のなかでは、その二つがひとりでにくっつくだけのことである。細胞というシステムのなかで、タンパク質AとBが結合する必要があるということが別にあり、遺伝子はそういうタンパク質を適宜合成するための暗号となっている。もちろん、その「場」というのを設定しているのも、遺伝子ではないか、つまり他の遺伝子ではないかという議論はできる。それを続けていけば、システム全体がやがて理解できる。それがこれまでの科学が暗黙に約束することである。その約束を信じるか否か、それはほとんど信仰の問題になってしまう。

リチャード・ドーキンスというイギリスの生物学者が『利己的な遺伝子』（紀伊國屋書店）という本を書いた。ドーキンスは「生物の主体は遺伝子で、遺伝子が自らを生き延びさせるために、個体という乗り物を利用している」という比喩を語った。自分の複製を残しやすい遺伝子ほどよく生き残る、成功者だというわけである。その論拠は、進化の過程で個体はつねに滅びてきたが、遺伝子はずっと滅びないできたという点にある。

そこで見落とされていることがある。それは、十九世紀ドイツ、ヴュルツブルグ大学の病理学教授だった、ルドルフ・ウィルヒョウの有名な言葉にある。「すべての細胞は細胞から」ということである。すべての細胞は、親細胞から生まれた。その親細胞は、そのまた親細胞から生まれている。だから、進化の過程でずっと永続しているのは、明らかに遺伝子「だけ」ではない。細胞というシステムもまた、一度も滅びたことがない。

そう考えれば、ドーキンスのいうことは一方的だとわかる。遺伝子という「情報」と細胞という「システム」を区別せず、情報が滅びずに残ってきたことを強調している。情報が存続するのは、じつは当たり前である。十年前の私の写真は、私自身に関する情報であり、それはいまでも「生き残っている」。ところが十年前の私自身は、もうどこにもいない。現代社会は逆を常識としているから、多くの読者と同じように、ドーキンス自身もそれに騙《だま》されているのであろう。いつも「同じ私」が存在しているが、情報なんか日替わりだ、と。これこそが西欧近代が発明した真っ赤な嘘である。

実際には細胞というシステムも残ってきた。むしろ、細胞というシステムがずっと生きてきたから、その一部である遺伝子も存続してきた。そういう言い方のほうが正確であろう。それを彼はひっくり返していった。だから、インパクトがあったのだが、それを信じ込んだら、それは事実誤認である。むしろ不思議なのは、細胞というシステムが生き延びてきたことである。細胞というシステムが存続してきたからこそ、人間がいまここに生きている。システム問題の本質がそこにある。

遺伝子で生物を「操作する」危うさ

遺伝子と生物の関係は、言葉と人間の関係に似ている。遺伝子と言葉はどちらも情報の担い手であり、固定されている。遺伝子は四種類の塩基がさまざまに並んだものである。同様に、言葉もわずかな記号から成り立っていて、英語なら、アルファベットの二十六文字とスペース、それにピリオド、カンマなどがあれば書ける。しかし、それが人間だといったら、いわれたほうはだれだって怒るだろう。人間の脳はいつも動いているから、固定された言葉では表現しきれない。

言葉を使えば、人間を説明できることも確かである。意識は言葉による説明しか、もっていないからである。同じように、遺伝子という固定された情報からも、生物のことをあるていど説明できる。また、遺伝子の情報は、生物というシステムの理解には不可欠である。しかし、それだけでシステムがわかるというものではない。

ここで指摘しておきたいのは、ゲノムを解読しようというプロジェクトは、人間がもともともっている二つの情報系、つまり脳と遺伝子を一本化しようという企てであるということだ。かつて遺伝子という情報系は、脳がどうこうできるものではなかった。いまはそれを、すべて脳に読み込もうとしている。ゲノムを読みとっている人たちは、遺伝子が重要だと信じて作業を進めているのだが、外から客観的に見れば、遺伝子という情報系を脳という情報系に懸命に翻訳していることになる。

こういう行為を続けていると、遺伝子という情報系がもともと脳とは独立に存在していたことを、うっかり忘れてしまう。だから脳の癖が出て、「ああすれば、こうなる」式に遺伝子を扱いたくなる。遺伝子をいじれば、なんでもできるのではないかと思ってしまうのであろう。

ゾウの受精卵にマンモスのＤＮＡを入れれば、マンモスを生き返らせることができるかもしれない。そういう実験は論理的には可能だが、それでマンモスという生物のシステムがわかるかというと、そうはいかない。あのような体がどのようにできあがり、どんな生態を営むのかといったこととは、問題が違うのである。

遺伝子組み換え作物も、働きのわかっている遺伝子を利用しているだけである。特定の農薬に対する耐性をもつ遺伝子をトウモロコシに入れ、その農薬を撒けば、トウモロコシ以外の植物は死んでしまう。農薬の使用量が少なくてすむという利点はあるが、システムという観点から見ると問題が多い。トウモロコシが本来もっていない遺伝子を入れたことで、トウモロコシという生物のシステムはどう変わるのか。自然界に存在しないトウモロコシが栽培されることで、周囲の植物や、土壌生物、昆虫などはどんな影響を受けるのか。この遺伝子が他の植物に入り込んでしまったらどうなるか。こうした問題がすべて解明されたわけではないのに、遺伝子組み換え作物が栽培されている。遺伝子という固定された情報だけで、生物を操作することの危うさは、言葉で国民を操作したヒットラーのやり口に似ているのである。

遺伝子解読のメリット

医療の現場では、生物がシステムであることを意識しながら、遺伝子の知識をうまく使うことは有効だと思われる。医療は人間が相手だから、乱暴はできない。はじめからシステム的な配慮が経験的になされるのである。医療は、そういう方向にようやく動き出したところであり、その一番手ともいえるのが生活習慣病である。

糖尿病や高血圧症などは、生活習慣病という概念で理解されるようになった。遺伝的な素因に、飲食や運動などの生活習慣が加わって発症するという考え方である。たとえば糖尿病の患者は、予備軍も含めて、わが国には一三七〇万人もいる。糖尿病になるかどうかは、基本的には遺伝子の組み合わせで決まっている。だから、根本的に治療しようとすれば、生まれる前に遺伝子の組み合わせを変えなければならない。

それでは、そういう遺伝子の組み合わせをもった人は絶望的だろうか。そんなことはない。生活習慣に気をつけることで、発症までの時間を遅らせる、あるいは発症させないことができる。外からの働きかけで、遺伝子の組み合わせの効果を、システムとしてなだめることができる。糖尿病の遺伝子の研究は熱心に行われているから、近いうちに、「こういう遺伝子の組み合わせの人は、こういう食事をとるようにしなさい」といった指示が出せるようになるだろう。遺伝子のことがわかってくると、そういうメリットがある。病気と共存する方向が見えてくる。

逆に、これは悪い遺伝子だから働かなくしてしまおう、といった治療は危険である。すでにさんざん理由は述べたから、おわかりであろう。遺伝子の機能は一つではない。糖尿病の原因となる遺伝子を働かなくすれば、糖尿病を発症しなくなるだけではなくて、身体というシステムに、かならず別ななにかが出てくるはずである。それが患者にとってプラスの現象なのか、マイナスの現象なのか、やってみないとわからない。

生物というシステムのなかでは、一つの遺伝子がさまざまな機能を果たしている。ある遺伝子を取り除いたときにシステムがどう変化するのか、取り除く前と後とでどちらのシステムがいいのかは、簡単にはわからない。そこには、システムを取り巻く環境条件も入ってくるから、よけいに話がむずかしい。ただし、糖尿病の人がこれだけ大勢いるということは、糖尿病に関係する遺伝子が進化上有利な部分を備えていたからに違いない。だからそれは単に「悪い」遺伝子ではない。むしろそれを取り除いてはいけないのである。

インシュリン遺伝子を働かなくしたマウスをつくった研究者がいる。インシュリンは糖の利用を促進するホルモンである。これをつくれなくなれば、人間なら確実に糖尿病になるところだが、マウスは糖尿病にならなかった。インシュリンの遺伝子が壊れても、マウスというシステムは、糖尿病の症状を出さなかったのである。同じ遺伝子でも、システムが違えば、効果が違う。

遺伝子がわかっただけでは、生物というシステムがわかったことにはならないという話を長長としてきた。第一章で、病気がひとりでに治るという説明は嫌われると述べたが、ひとりでに治るのは、生物がシステムであることを考えれば当然の話である。結核の患者に抗生物質を投与すれば、患者の体内の結核菌は増えなくなる。抗生物質がやるのはそこまでである。あとは、体というシステムが、自らを健康状態に引き戻すのである。

アンブロワーズ・パレというフランスの有名な外科医は、「手術は私がするけれども、いやすのは神だ」といった。悪いところを手術した後、治っていくのは患者の体の勝手である。われわれは、生物というシステムを、ほとんど知らないに等しい。それなのに、わかったような顔をしたがる。そこが問題であろう。

ロボットづくりは二十一世紀の科学

もっとも簡単な、人工的なシステムを考えてみよう。皆さんは、現在のロボットをどのように感じておられるだろうか。たとえば、ホンダのコマーシャルに登場するアシモというロボットは、二足歩行ができる。これをすごいと見るか、ロボットもまだだなと思うか。アシモの動きはゆっくりとしていて、なんだか危なっかしい。コマーシャルに、あのロボットが電車に乗り遅れる場面があった。あれは象徴的である。機能は不十分だが、それが愛嬌になっている。

しかし、二足歩行という、人間にとってはなんでもないことでも、ロボットにやらせるには長い歳月を要した。はじめは下半身だけのロボットが、たくさんの配線につながれてよたよたと歩いていた。転ばずに足を踏み出し、重心を移すための制御方法は、試行錯誤の末にようやく生み出された。人間なら当たり前の二足歩行ですら、それだけ大変だった。アシモにちゃんと動いてもらうには、いまでも専門家がつきっきりで面倒をみる必要があるらしい。

人間は細胞一つつくり出せないと述べたが、昆虫をロボットでつくれといわれても、完全なものはむろんできない。二足歩行だけでも大変なのに、脚や触角を自在に動かしたり、飛び回ったりする昆虫をつくるのは、とてもできない相談である。自然をまねしようとすると、自然というシステムの力がどれほどのものか、それがわかる。

ロボットの研究をけなすつもりではない。それどころか、ロボット研究は、これまでの科学の方向を変えるものである。そこに大きな意味がある。私はそう考えている。これまでの科学は、対象を細かい単位に分け、それらを一つずつ理解するという、還元主義的なやり方で進められてきた。そのやり方でさまざまな知識を得ることができ、それを応用した技術が大きな成果を上げてきた。

しかし、そうした知識や技術だけでは、システムはうまくつくれない。構成要素の働きがわかっても、要素がたくさん集まり、それぞれに相互作用しているときに、どんなことが起こるか、それは簡単には導けない。構成要素がたがいに作用を及ぼし合う、そうしたシステムを理解することは、まさに困難な仕事である。これは、これまでの科学が正面からは取り組んでこなかった問題なのである。そのことは、もう一度、あとで論じる。

ロボットをつくるには、生物のシステムを理解し、それをまねたシステムをつくり上げればいい。ところがこれは、これまでの知識を動員すればなんとかなる、という仕事ではない。ロボット開発は、自然のシステムのみごとさを知るだけでなく、これまでの科学が置き去りにしてきた「システムの理解」という問題と向き合う研究なのである。

人間のように動き、しゃべる「人型ロボット」の研究では、日本は先進国である。欧米では、偶像を嫌うとか、人をつくれるのは神だけと考える宗教的な基盤が理由となって、人型ロボットは評判が悪く、研究が本気では行われていない。科学者も宗教に縛られるのかと不思議に思う人もいるだろう。しかし、欧米で自然科学が発達しているのは、日常生活のなかで意識的に科学的な考え方をしているということであり、その分だけ反科学的な考え方も根強いということである。科学と宗教は、大きな目で見れば、相互補完的なのである。

ロボットと人間の、いちばん根本的な違いは、ロボットはスイッチを切ったら動かなくなるが、人間のスイッチは切れないということである。スイッチの切れないような機械、つまり故障が起こったら自分で修理できるような機械を、われわれはいつになったらつくり出せるだろうか。そう考えると、システム研究の行く先は遠いことがよくわかる。なぜなら、細胞は分裂して新しいものに置き換わることで、自己再生をいとも簡単にやってのけるのだから。

生物集団というシステム

生物の個体がシステムであるのと同時に、たくさんの個体からなる社会もシステムである。たとえば、ミツバチの社会はよくできたシステムであるらしい。北海道大学教授であった故坂上昭一さんはミツバチの研究で名高い。その研究生涯を紹介した本田睨《にらむ》さんの本（『蜂の群れに人間を見た男』ＮＨＫ出版）を読んだり、坂上さんの弟子である玉川大学の小野正人さんの話を聞いたりして、ほんとうに仰天した。

一つのミツバチの巣には、一匹の女王バチと千匹程度のオス、そして最盛期には三万匹にも及ぶ働きバチがいる。そして、これらの個体が一つのシステムとして日々の生活を営む。女王バチはたった一度だけ婚姻飛行に出て何匹かのオスと交尾し、巣に戻って連日産卵する。それ以外は何もできず、餌さえも働きバチから口移しでもらう。オスは、巣の外に出て別の巣の女王バチと交尾する以外、仕事らしい仕事はない。それに引き替え、働きバチは文字どおり滅私奉公で働く。

働きバチには無数の仕事がある。巣のなかの掃除、女王・オス・幼虫への給餌、巣の増築や修理、巣を守るための監視、餌となる蜜や花粉を集めることなどである。こうした役割は、基本的には働きバチの日齢によって分担されている。巣を増築するにはロウを分泌する必要があるから、ロウ腺が発達していなければならないし、蜜を集めにいくには翅を動かす筋肉が発達していなければならない。だから、働きバチの体の発達段階に応じて、仕事が決まる。

それでは、巣の増築をする日齢の働きバチを巣から除いてしまったらどうなるか？　坂上さんの研究によれば、まだ若い働きバチのロウ腺が急激に発達し、すでにロウ腺が衰えた年寄りの働きバチのロウ腺も再び働きだしたという。この話は、ミツバチの社会が非常によくできたシステムであることの一つの現れである。ミツバチの社会は、強い自己修復性をもっている。

ミツバチの社会が優れたシステムであることを示す話はいくつもある。王位継承の仕組みもその一つだ。将来の女王バチと働きバチは姉妹であるが、与えられる餌の量の違いでどちらに育つかが決まる。その際、複数の女王バチ候補が育てられる。女王バチは一匹しか必要ないが、候補が一匹だけだと、事故があったときに、女王がいなくなってしまう。母親である女王が働きバチの一部を連れて巣を離れた後、新しい女王が羽化する。いちばん先に羽化した女王バチは、補欠として育てられていた他の候補を殺す。そのとき、殺されるほうは巣穴から出る直前に、自分の部屋の中で羽音を出し、「ここにいるから殺せ」という合図を新女王に送る。新女王はただちに巣室に針を刺し、候補を殺してしまう。システムを守るための巧みな仕組みである。

もう一つだけ、ミツバチの社会というシステムの強さがわかる話を紹介しよう。働きバチはもともと女王バチの姉妹であり、餌の違いだけで役割が分かれるのだから、子どもを産む能力をもっているはずだ。それなのに実際にはほとんど子どもを産めない。これはなぜだろうか。女王が分泌する物質に避妊作用があるからである。この物質は女王の体表に広がり、世話をする働きバチが女王の体をなめるときに、働きバチの体内に入る。さらに、この物質は働きバチを引き寄せる効果もあるという。女王を頂点とするミツバチの社会は、化学物質によって個体間の差異や関係性がつくり出されるシステムなのである。

ミツバチの社会は、人間社会のアナロジーとして好んで取り上げられる。しかし、右のいくつかの話のように、システムの維持のために過酷ともいえる仕組みができあがっており、人間社会とはずいぶん異質な感じがする。もちろんそれは、ミツバチの社会は、脳の関与が小さいからである。

理屈は同じでも結果は違う

システムの理解は困難であり、未来は予測がつかないと繰り返し述べてきた。その例が人間社会ではしばしば見受けられる。その一つは、エイズがこれだけ世界中に広がったことである。

エイズの起源はいろいろと議論されたが、現在は、アフリカのサルがもっていたウイルスが人に感染したという説にほぼ落ちついている。最初はアフリカでサルと接触したわずかな人間だけが感染したはずなのに、それがいまや世界中に蔓延しているのはなぜだろうか。そこで大きな役割を果たしたのは、ジャンボジェット機である。この説については反論もあるが、少なくともアメリカの疫学研究の結論では、航空機の旅客数増加と、エイズ患者数の増加とは、ほとんど並行している。

日本にジャンボ機が導入されると決まったのは、私が大学を卒業するころだった。ちょうど、日本航空に就職の決まった友人がいて、「ジャンボ機を導入しても、座席が埋まるだけの乗客があるかどうか」と心配していたのをよく覚えている。当時は、日本も経済状態がよくなりはじめたころで、旅客が増えるとは予想されていたが、ジャンボ機がいつも満席になるほどに増えるとは予想されていなかった。しかし、実際には猛烈な勢いで航空機の旅客数が増えた。そのこと自体、予測がいかに当てにならないかという好例である。あたった予測を人間は覚えているが、あたらなかった予測は忘れる。

人間の移動がこれだけ激しくなったことと、エイズが広がったこととのあいだには間違いなく関係がある。それは、エイズが広がる以前に、B型肝炎と単純ヘルペスの患者数が同じようなカーブで増えたことをみても明らかであろう。体を接することで感染が広がる病気の患者数が、どれも航空機の旅客数とともに増えているのである。ジャンボ機が導入されて、人間は手軽に世界中を移動できるという恩恵をこうむった。でも他方では、本来は接触しないはずの人が接触するという新しい状況が生まれ、感染症が広がるという事態が起こった。最近生じたSARS（重症急性呼吸器症候群）はまさにその典型である。広東省でこの病気の治療に当たっていた医師が感染した。その人が香港にやってきて、ホテル・メトロポールの九階に滞在した。このホテルの九階をたまたま訪れた四人の人から、香港、ベトナム、シンガポール、カナダにSARSが広がったのである。この四人は、発病していた医師に直接会ったわけではない。

感染症というと、自然である人間の体が、自然の病原体の感染を受けて起こるととらえられがちである。しかし感染が起こる状況には、社会的・経済的背景が大きく働いている。先に結核の治癒には薬よりも生活状態の向上のほうが効いたらしいと述べたが、エイズの治療に当たっても、効果的な薬剤を開発して治療するというだけでなく、原因を広く見渡して対策をとることが必要だと思う。もちろん、ジャンボジェット機を飛ばすのをやめろといっているわけではない。

感染症に限らず、なにかが起こる原因は一つではない。さらにそこには単純な予測を超えたできごとが関わっている場合が多い。「カオス」はそれを科学的に導いている。科学でいうカオスとは、なにもかもが混沌としているというわけではない。一つ一つの事象が起こるときのルール、つまり原因と結果の関係ははっきりしても、たくさんの事象が重なっていくと、一連の事象がはじまるときの条件（初期条件）のわずかな違いによって、まったく異なる結果が出てくるということをいっている。

カオスの世界では、ある系の運命は一通りには決まらない。このような変化をするという、だいたいのパターンが出てくる場合もあるが、それもきれいな周期を描くわけではない。しかも、ある時間後にそのパターンのどこにたどりつくかは、初期条件の違いによって変わる。初期条件によっては、そのパターンから大きくはずれてしまうこともある。

因果的にきちんと説明できる世界でありながら、しかも合理的な予測が実質的には不可能なのである。バタフライ効果、つまりブラジルで一匹の蝶が羽ばたくと、テキサスで竜巻が起こるという話も、カオス理論から出た。システムの予測はむずかしく、「ああすれば、こうなる」が成り立たないのは、ここでもいわば当然なのである。

これまでの科学の限界

田んぼの側溝をコンクリートにしたらメダカが絶滅しそうになったという話をした。糖尿病の遺伝子をいじっても、その患者さんにどんな影響があるかわからないという話もした。自然環境も、生物も、予測がつかないのはシステムだからである。人間の社会も、事情は同じである。ジャンボ機を飛ばしたらエイズが蔓延するなどとは、だれも予想しなかった。

システムとは予測がつかないものだという事実に対して、人間はもっと謙虚であるべきだと思う。振り返れば、十九世紀後半から二十世紀の人間は、ものごとをきちんと理解すれば予測がつくはずだと考え、予測がつく世界をつくるのが文明であり、進歩であると考えてきた。だが、この考え方には、だいぶケチがついたような気がする。

だから、前世紀の後半に、科学の世界で「カオス」が発見されたことは、非常に大きなできごとだった。予測可能性がかならずしも成り立たないことを、科学が明らかにしたからである。たとえば日本人はしばしば、「これは遺伝だから仕方がない」という言い方をする。しかし、遺伝子の機能が決まっていることと、それが個体のレベルにどう現れるかという結果とのあいだには、いわばカオス的な関係があるかもしれない。初期条件の小さな変化で、個体は大きく変わりうる。ものごとの因果関係が決まっていることと、その結果が予測できることとは別である。

脳というシステムが予測のつかないものであることも、カオス的な見方をすればすぐにわかる。脳は一千億個の細胞から成り立つシステムであり、その一個一個の細胞がシステムである。細胞一個がどう変化するかさえ予測できない人間が、一千億個もの細胞からなる巨大なシステムを予測できるはずがない。しかし、僕はしょっちゅう「脳のことを調べていけば、いずれは全部わかるようになりますか」という質問を受ける。質問者がどういう意味で「わかる」といっているのか知らないが、とんでもない質問である。

人間の意識とは、そのぐらい乱暴なものなのである。脳のことを考えているのが人間の脳である以上、答えには人間の脳ていどの完全性しか要求できない。そのことは当たり前である。

自然を単純に理解したと思うと、自然をコントロールしようという発想が出てくる。人体も含めた自然がシステムであり、カオス的変化を含めて、予測が完全にはつかないとわかれば、「手入れ」という発想でつきあうしかない。初期条件のわずかな違いで大きく変化しはじめた環境を、おだやかな周期に戻してやるには、どんなふうに手を入れればいいのか。現実に求められているのは、そういうことであろう。

見方を変えれば、コンピューターというシステムを利用することで、カオスが見つかり、システムを理解する道の一部がようやく開けたのである。しかし、システムは「屋上屋を架す」ようにいくつも重なって安定化している。だから、理解するほうもシステムを積み重ねていかなければならない。コンピューターによるシミュレーションを重ねていくうちに、なにをやっているのかわからないといったことにもなりかねない。ことほどさように、システムの理解は先の長い仕事なのである。環境問題の解決がむずかしいのもわかるだろう。

第五章　環境と教育

教壇からは教えられない

自然は一筋縄では理解できない。だから、環境問題はむずかしい。それは、わかっていただけたかと思う。こういうと、環境教育が大切だという声が上がる。しかし、それは少し違うのではないかと思う。自然とのつきあい方は、かならずしも教室で机に向かって学ぶものではない。

メリアム・ロスチャイルドというイギリス女性に、三度ほど会ったことがある。富豪として有名なロスチャイルド家の一員である。父親のチャールズ・ロスチャイルドは銀行家だった。イギリスの自然保護運動の創始者とでもいうべき人物で、ノミの研究をはじめとして、さまざまな活動をした。ペストを媒介するケオプス・ネズミノミを発見したのも、この人である。自然保護のために、有志が土地を買い上げる、ワイルドライフ・トラストを創始したのは、このチャールズである。またメリアムの叔父は有名なチョウの収集家で、そのコレクションは百万頭以上になった。個人で博物館をつくったが、現在ではチョウの標本は、ロンドンの自然史博物館に収められている。かつての博物館自体は、一部の展示を残して、いまでは自然史博物館の鳥類部門になっている。メリアムは九十歳を超える高齢だが、父親の運動を引き継いでいる。

たとえば、十九世紀のイギリスで、自然環境がよく保たれ、保護すべきだと思われるところを、チャールズは百ケ所ぐらい挙げた。その百ケ所をメリアムは最近もう一度調査し、その環境がどのように変わったかを、レポートにまとめた。彼女は自分の庭、五〇ヘクタールの土地を、五十年間手を入れずに放置し、自然がどう移り変わるかを調べる仕事もしている。

いわば一家を挙げて自然史 natural history を実践してきた彼女に、

「自然史とはなんですか」

という、当然の質問をしてみた。

「自然史とは、大学の教壇で教える科目ではない。それは、人間の生き方 a way of life です」

という返事が返ってきた。まことにみごとな答えである。自然史とは自然とどう接して生きるか、その生き方であって、学校の教科ではない。

ところで日本の子どもたちは、実際のところ、どんな状況におかれているだろうか。私は北里大学で理科系の教養の講義をしている。レポートを課すと、環境問題を題材に書いてくる学生がかなりいる。いまのことだから、インターネットでさまざまな情報を調べ、もっともらしいことを並べてくる。しかし、肌で感じて書いているとは思えない場合がほとんどである。若い人たちにとって「環境問題は重要だ」ということが、いわばお念仏になってしまっているらしい。戦前の「忠君愛国」や「鬼畜米英」と同じかもしれない。

メリアムがいうとおり、環境問題は教壇から教えるようなものではない。教壇から教えると、どうしても「ああすれば、こうなる」型の発想の子どもをつくる結果になる。学校とはそもそもそういうものだ。そういってもいい。体験学習と称して田舎に連れていく授業もあるが、いやいや参加しているのでは意味がない。

私は私立保育園の理事長をしている。そこの園長に聞いた話がある。この保育園では、年に一回、イモ掘りに子どもたちを連れていく。例年のように、頼んである畑に子どもたちを連れていった。ところが隣の畑のイモの葉が、すっかり萎《しお》れている。そこで、世話をしてくれている農家の人に訊いた。

「隣の畑はなんですか」

「お宅と同じ、幼稚園のイモ掘りのための畑ですよ」

「でも、葉っぱが全部、萎れているじゃないですか」

「ああ、あそこの幼稚園は、子どもが茎を引っ張ったら、イモが簡単に抜けるようにしてくれというので、一度イモを掘ってから、また埋めなおしたんですよ」

自然に触れるという作業が、こうなっているのでは、どうしようもない。実行の問題ではないことがよくわかるであろう。先生方の考え方の問題なのである。

自然とのつきあいは、相手との「やりとり」が基本である。たとえば、野原の草をとって畑にし、作物を植える。すると、スズメが来て作物を食べてしまう。じゃあ、どうしようか。スズメを追い払うのか、畑に網をかけるのか。そのためにはどうしたらよいか。そうしたら次に何が起こるか。こんなふうに、自然に働きかけるときには、その反応を見て次の手を考えていかなければならない。

自然環境に対する理解を深めるには、こうした経験、つまり、自然と人間社会を行ったり来たりする経験を積み重ねることが必要である。そうすれば、頭で理解するのではなく、自然とのつきあい方が、生活の中に染み込んでいく。肌で感じることができる。逆に、教壇から自然環境について教えようとすれば、むしろ教育が害になる可能性さえある。

ひっかかり続けること

自然と人間社会のあいだを行き来して、自然環境を肌で学ぶ。そうすれば、環境に対する感覚がいわば鋭敏になる。自然環境になにか変なところがあると、なにか違和感を覚える。大切なことは、その違和感をずっと忘れないことである。

私には三十年以上かかって、やっと疑問が解けたという経験がある。二十七歳のとき、解剖学教室に入って初めての学会があり、新潟に行った。ちょうど五月で、虫が出てくるころだったので、学会をさぼって佐渡島に旅行に出かけた。ドンデン山という高さが九〇〇メートルぐらいの山に登りながら、虫をとった。虫をとりながら登って、頂上に着くと、頂上には草原が開けていた。このぐらいの高さの山では、登るほどに林が深くなり、頂上は木に覆われているはずである。なぜ頂上が禿《は》げているのか、疑問に思った。そのときは答えがわからないままに下山した。

三十年後、また佐渡を訪ねる機会があった。東大出版会の旅行で出かけたのである。そのとき佐渡博物館に立ち寄ると、大正時代に撮られた、佐渡の風景の乾板写真が保存されていた。それを博物館でべた焼きしたアルバムがあった。ページをめくっていくと、ドンデン山を撮った写真が出てきた。その写真には、なんと牛と馬が写っていた。ドンデン山の頂上は、かつて牧場だったのである。

いまなら、草原にアセビが多いことに気づき、以前は牧場があったのだなとすぐにわかったと思う。アセビは漢字で「馬酔木」と書くとおり、馬や牛は酔うので食べない。だから馬や牛がいるところでは、アセビばかりが残る。しかし、ドンデン山に登ったとき、若かった私には、そういう常識がなかった。なぜ頂上が禿げているのか、疑問に思っただけである。ただその疑問は、長年心の底に残っていた。だから、三十年後に牛馬の写真を見た瞬間に、その疑問が解けたのである。

べつにどういう話ではない。しかし私の仕事の原点は、こうしたさまざまな違和感を抱え続けたことにあると思っている。たまに、

「なぜそんなにいろいろなことを考えるのですか」

と訊かれることがある。

「疑問を忘れないでいると、年中考えるしかないじゃないですか」

そう答える。

最近の学生を見ていて思うのは、ひっかかることがあっても、それを頭のなかで「丸めてしまう」傾向が強いことである。「丸める」とは、疑問に思ったことを、それ以上悩まなくてすむように、とりあえず自分のなかでなだめてしまうことである。「山の頂上なら、禿げていることも当然あるだろう」。そう答えを出して、納得してしまえば、それ以降疑問は生じない。その疑問に煩《わずら》わされることがなくなるから、気分が楽になる。

社会生活を営むうえでは、疑問を丸めることは重要である。相手のやることに疑問を抱き続け、「それはおかしい」といちいち指摘すれば、人間関係はぎくしゃくし、喧嘩が絶えないことになる。だからむしろ、話を丸める癖をつけるほうが大切である。しかし、自然と向き合うときに、疑問を丸めてしまったら、自然をきちんと知ることができない。

疑問を抱き続けること、つまりわかるまでこだわることは、自然を知るときの基本的な態度

である。自然を知ることが職業の科学者にとっては、これはあまりにも当然のことであろう。

大学の教室で、学生に質問した。

「コップの水に、インクを一滴、たらしたとする。しばらくすると、インクが消える。なぜだと思うか」

学生が答えた。

「そういうものだと、思ってました」

「丸める」とは、このことである。「そういうものだ」と思ってしまえば、疑問は生じない。本人は楽だが、楽をすれば、なにも考えない、なにも学ばないという結果になる。

日本の自然史を読みたい

教壇からのみの環境教育には、おそらく意味がない。しかし、自然に関する系統的な知識を子どもたちや学生がもつことは、自然とつきあう基本になる。この点では、日本の教育が「遅れている」ことを痛感する。

自然について知ろうと思うなら、系統的な教科書が必要である。それがあれば、全体を概観できるからである。それがなんとも不十分である。日本の自然はどうなっているか。その特徴はなにか。日本列島の地史はどうなっているか。それと生物相の関係はどうか。そういうことを知りたいと思うと、独学しなければならない。この歳になって、私はつくづく自分が無知であることを思い知らされる。

カナダに行ったとき、いちばん驚いたのは、バンクーバーのホテルの部屋に、『ブリティッシュ・コロンビア州の自然史 Natural History of British Columbia』という本が置いてあったことである。ブリティッシュ・コロンビア州の自然について、外国からの旅行者が概略を知ろうとするときに、きわめて便利である。どんな木が生えているか、どんな動物がいるか、地質はどうか、地史はどうか、一通り触れてある。

なぜこういう本があるのか、実際に自然を見たら納得がいった。自然が単純だから、簡単に本が書ける。たとえば主要な樹木は松、杉、トウヒ、ブナの四種類だけである。一万二千年前には、この地は氷の下だった。だから植物にせよ、動物にせよ、その氷床が溶けてから移動してきた。そのため、日本の自然に比べれば、はるかに単純なのである。

カナダに比較すれば、面積ははるかに小さいが、日本の自然を同じように概説しようとすると、たいへん面倒である。それにはもう一つ、科学が極端に専門に分化していることがある。地学、動物学、植物学だけでも、そのなかにさらに多数の専門分野がある。昆虫の専門家に、クモのことを訊いても、おそらく答えてくれないであろう。にもかかわらず、自然環境について学ぼうとするなら、広い範囲の分野にわたって、基礎知識が必要である。それが一般的に欠けることも、環境問題の理解と取り扱いをむずかしくしている。そういうことを知らなくても、生きられるのが都会である。都会の人は他のことはともかく、自然に対して無知であるから、やることが乱暴である。困ったものだというしかない。

論語を読むと、孔子が詩を読むことを勧めている一節がある。詩を読めば、そこらで見かける、ふつうの動植物の名前を覚えるから。理由をそう述べている。これを読むと、中国ではすでに孔子の時代に都会人が成立していることがわかる。べつに動植物の名を知らなくても、十分に暮らせたのである。同時に中国の中心部で、いかに自然が消失しているか、想像がつく。数千年前からすでに自然を徹底して破壊しているのである。

私が子どもだったころは、H・G・ウェルズの『生命の科学』(石川千代松監修、平凡社)を繰り返し読んだ。十数巻に分かれた大部の本で、十九世紀、博物学が盛んだったイギリスの面影をよく伝えている。ダーウィンの進化論が定着した時代だから、生物進化を中心として、当時の博物学の内容を上手に紹介している。子どもはいまでも恐竜が大好きだが、この本には多数の図版が入っていて、これぱかり見ていた記憶がある。

ウェルズは火星人をタコの化け物みたいに描いたことで有名な小説家である。小説家がこういう本を書いたのも驚きだが、一人の著者がすべてを書いているところがいい。最近の本はたいてい分担執筆である。各人が自分の専門分野について書くから、全体の見通しが悪くなる。全体を見通せないのは、情報化社会の特質による。それについては、あとで述べることにする。

AIBOと犬、どちらがお好き?

ペットを飼うと、生きものとのつきあいのたいへんさがわかる。子どもにペットを飼わせることは、いい教育になる。私の娘がネコをもらってきたのは小学生のときで、死ぬまで十八年生きた。ネコの一生を見ることで、子どもはおのずから自然の人生、生老病死を学ぶことになる。

鎌倉では、ペットだったアライグマや、タイワンリスが野生化し、繁殖している。住宅地に出没するので、さまざまな被害があるという論議がやかましい。アライグマは家に入り込み、ダニや悪臭をもたらす。タイワンリスは戸袋に巣をつくったり、電線をかじったりする。このため「餌付け禁止条例」の制定が検討されているらしい。餌をやる人が多く、それが繁殖を助けるからだという。もちろん、本当にそうかどうかは、わからない。リスが毎日、なにをどれくらい食べているか、リスを駆除せよという人が調べているはずがない。他方、捕獲すると、かわいそうだという声もあがる。

ペットを飼いきれずに放したり、処分したりするぐらいなら、本当の動物ではなくＡＩＢＯを飼うほうがましである。あるイギリス人がＡＩＢＯを見て、イギリスにはイヌがいるから、こんなものは要らないといった。イヌはネコより手間がかかる。まず、散歩が大変である。散歩のあいだ、おとなしければいいが、なにかのきっかけで闘争本能が目覚める場合がある。そうなると人間では抑えきれない恐れがある。大型犬を飼っている年配の夫婦は、散歩が怖くてしょうがないという。イヌに引っ張られて骨折した知人がいる。

小型犬でも、コッカースパニエルなどはもともと猟犬である。しかし現代の日本では、その種の用途に使われることはまずない。私が飼っていたコッカーは、ある偉い人から母がもらったものだった。家の中で飼っていたのだが、泥棒が入ったのに吼《ほ》えなかったというのである。そんなイヌは要らない。そういうことで、母がもらってきた。血統書つきだという。血統書があろうがなかろうが、要するにイヌじゃないか。そう思っている私が飼うことになった。わが家では、なぜかそうなるのである。高校生のときは、サルをもらって、飼うことになった。母は開業医だったから、人間相手で忙しい。サルどころではない。どうせ私が飼うことになる。

このコッカーは、泥棒が入っても吼えなかっただけあって、しみじみバカだと思った。血統書を利用しなくちゃというので、姉が知り合いの飼っていた、同じく血統書つきのコッカーとかけ合わせた。メスだったので、子どもが生まれた。ところがお産の当日、夕食を食べていたら、イヌ小屋の様子がなんだか変である。見に行ったら、すでに二匹生まれていた。ところが、親イヌは羊膜を破ってやることを知らない。それじゃあ、子どもは呼吸ができない。二匹はすでに冷たくなっていた。あと三匹、私が産婆をしたのである。自分でお産ができないイヌなんて、まともな動物じゃない。というと、差しさわりがあるかもしれない。人間なら、それで当然だからである。それならこのコッカーは、すでに人間化していたのである。

こういうイヌは、本来は実用のためにつくり出された品種のはずである。コッカーはおそらく猟犬であろう。だから猟がしたいらしい。あるとき近所の山に連れていったら、あっという間に笹の中に走り込んで、鳥を追い出した。なるほどただのバカではないワイ。こちらがイヌの使い方を知らなかっただけだと思った。そうしたイヌたちを、もっぱら愛玩犬と見なし、毛並みに櫛を入れたりして、見た目だけをよくしている。それを「動物愛護」だといわれては、一言いいたくなる。泥棒に吼えなかったというのは、論外である。

ネコは放し飼いで散歩の必要がないから、イヌよりは楽だが、やはり生きものを捕る本能はある。うちで飼っていたネコは、二〇〇一年の元旦に十八歳で死んだが、若いときはいろいろな動物を捕った。仔ネコのときには、庭の桜の木に登ってセミを捕った。動物なら、ほとんどなんでも捕ってきた。鳥を捕ると、食べてしまう。だから家の中に羽だけ残っている。鶏肉が好物だったから、鳥を捕っては食べていたのかもしれない。ネズミもモグラもリスも捕ったが、食べなかった。ヘビもトカゲも、捕って遊ぶだけだった。

ペットを飼うと、野生動物の姿をかいま見ることができる。どうやってつきあえばいいか、それを身をもって知ることができる。だから、飼える環境にあれば、飼ったほうがいい。飼い続けることのたいへんさを経験しながら、飼い続ける。自然とつきあうことのむずかしさを、実感できるはずである。

イギリスではペットを飼うのに厳しい基準がある。日本のようなペットショップは禁止されており、ペットを飼いたい人はブリーダーを訪ねて面接を受ける。ブリーダーは飼い主の家庭環境までチェックしたうえで、飼っていい、飼う資格がない、と判断する。飼いはじめても、たとえばイヌを縛りつけ、餌を与えないなんてことがあれば、動物虐待で刑務所行きになる。

一九七〇年前後に、オーストラリアに留学していたことがある。当時は神経科学の実験に、よくネコを使った。イヌは頭の形や大きさがあまりにさまざまで、頭の外から脳の状況が推測しにくい。ネコはその点、大きさがそろっているから、実験がやりやすい。そこで同僚がＲＳＰＣＡ（Royal Society for the Prevention of Cruelty to Animals）にネコをもらいに行った。実験用だといえば、くれないに決まっている。それでももらい手のないネコはどうせ処分される。同僚が家でネコを飼いたいといったら、真っ先におまえの家はフラットかハウスかと訊かれた。共同住宅か一軒家かと尋ねられたのである。フラットだと同僚が正直に答えたら、それではネコがハッピーでないからだめだといわれた。

こんなことをたくらんだのは、研究室はもっと厳しい状況だったからである。ネコを実験に使うと、なぜか動物愛護団体からかならず抗議が来る。実験に使うことを公開しているわけではなかったから、どうしてわかるのか、教授も頭をひねっていた。やがてその理由が判明した。なんのことはない、研究室で動物の管理をまかせていた女性が愛護団体に知らせていたのである。

動物を傷つけることが絶対にいけないというのは、はじめに述べた原理主義である。オランダ生まれの、ヴァン・デア・ルースという友人がいた。アメリカで研究生活をしたあと、スイス、ローザンヌ大学で解剖の教授をしていた。同じようなことに興味をもっていたので、親しくしていた。その彼があるとき、ローザンヌの市会議員から研究室を見せてほしいといわれた。アメリカ流だから、そういう点はオープンな男である。マウスを使って実験しているところを見せて説明をした。次の日ローカル紙に、マウスをこんなにひどく扱っているという大きな記事が出た。おかげで研究が一年間ストップし、彼はその後に自殺した。

もちろんこういう事件には、洋の東西を問わず、かならず裏がある。本人がどこにも敵がない、「人徳のある」人だったら、こういうことは起こらなかったであろう。昔風にいうなら、こういう事件が起こるのは本人の「不徳のいたすところ」なのである。だれかが彼を陥れようとしたわけで、それが成功しただけのことである。いまでもよく大学での不祥事が表に出ることがある。たとえば会計上の不正があった、などと新聞は書く。しかし私は長年大学にいたから、そんな「不正」は信じない。外務省の職員が競馬馬を買った話とはまったく違う。大学なんて、そもそも大した金になりはしないのである。こういう不祥事が「問題」になるのは、なにかを「問題」にして、関係者を陥れたい人がいるに決まっている。

ジャーナリズムはそこは報道しない。なぜか。大学の人事に外の人は口を挟めない。ところがこういう事件を報道すれば、ともかく人事が「動く」。ということは、間接的に影響力を行使できることになる。それを「権力」という。ジャーナリズムは、こうして自分の権力を強化する。もちろん、報道側にそんな「意識」はない。しかし結果的にはそうなっている。人はいったん握った権力をふつうは放さないものなのである。そうした権力闘争は、人間社会のいたるところで行われているであろう。それが狭い意味の政治である。その意味の政治は、私は大嫌いなのである。それもあって、重要なのは環境だと、ここで繰り返しているのである。環境はモノの話であり、だれに「権利があるか」という、人間のあいだの話ではない。

子どもは環境問題である

この歳になって思うが、私の世代はある意味で幸せだった。直接戦争には行かず、鎌倉は爆撃にも遭わなかった。B29が頻繁に通ってきて、焼夷弾も落としたし、飛行機が落ちていくのもよく見ていたけれど、見物人ですんだ。戦後は大人の価値観が動揺して干渉してこなかったから、青天井の状態で育った。自然は豊かで、鎌倉はもちろん東京都内にも虫がたくさんいた。

昭和三十年代まではそういう状態が続いた。

渋谷に住んでいた大岡昇平は、自分の家の近所のようすを、地図を入れて書いている。それを見ると、当時の渋谷には田んぼや大きな木があったことがわかる。渋谷ですら「田舎」だったのである。平山修次郎の昆虫図鑑を見れば、石神井公園にクワガタをはじめ、さまざまな虫がいたこともわかる。四十年代になると、それががらっと変わった。川がまずやられ、虫がほとんどいなくなった。

最近では、川の浄化が進められ、田舎と違って都会には畑がないから、農薬が撒かれることもない。マツクイムシを除去するために、ヘリコプターで農薬を撒くなどという愚かなことも行われない。だからいまでは、都会の近所のほうが虫が多いかもしれない。

それでも、高層ビルで子どもを育て、ハエが飛んでいたら殺虫剤をかけるような生活をしているお母さん方は多い。この本を読んでいても、自然に対する感性を育て、自然と行き来する生き方を子どもに教えるにはどうしたらよいか、悩むかもしれない。こういう時代には、教育

里山で遊ぶ子どもたち（写真／読売新聞社）

よりも、母親がどう生きてみせるかが大切になる。子どもは母親から大きな影響を受ける。母親が変わらないと、自然と接する生き方は伝わらない。まずは、子どもといっしょに自然に触れてほしい。

私は自分が理事長をしている保育園の子どもたちを、虫取りに連れていく。近所の山に連れていって、放っておけば、子どもはすぐに虫を見つける。目線が低いから、大人よりはるかに上手である。これが楽しみで、保育園に関わっているようなものである。さらにいうなら、じつは子どもは「自然」である。人体が自然であるように、子どももまた自然なのである。なぜなら子どもは、意識的に設計できないものだからである。

現代は少子化の時代である。都会はつねに

少子化する。都市人口の減少を埋めるのは、田舎からの流入である。なぜそうなるか、考えればすぐにわかるはずである。何度か述べたように、都市は自然を排除する。だから「自然としての子ども」もまた、排除するのである。

子どもを自然だと思う人も、身体を自然だと思う人と同じように、ほとんどいない。なぜ子どもは自然か。意識が設計できないからである。

そんなことはない。子どもを産むか産まないか、それは親の都合でできるじゃないか。男女の産みわけだって可能だし、現にウシならほとんどメスしか生まれないようにしている。人工授精もあれば、クローンをつくろうという時代じゃないか。子どもなんて、ほとんど意識の産物だよ。

それは違う。どこが間違っているかというと、子どもの立場に立っていない点である。生まれた子どもは、生まれてから何年も経って、この世に生まれたことに、はじめて気づく。意識が生じるからである。それは皆さん方も同じである。自分の意思で生まれてきたわけではない。「気がついたら、ひとりでに生まれていた」のである。生年月日というのは、身体が生まれたときであって、意識が生まれたときではない。

少子化とはつまり、子どもは苦手だということである。都会の人なら、それはあまりにも当然であろう。子どもは自然であって、都会人は自然とのつきあいが下手な人たちだからである。

イネを植えて、米を収穫するまでの作業を毎年している人にとっては、子どもを育てることに、なんの違和感もないであろう。天候によっては、収穫がないことすらありうるが、それはそれで「仕方がない」のである。都会人がそう思えるかというなら、石に躓《つまず》いて転んだって、だれがこんなところに石を置いたのだと、訴訟を起こす人たちである。そんなこと、思えるわけがない。

教育や少子化が現代社会で問題になる根本は、環境問題なのである。「子どもという自然」を「どう保護すべきか」。つまり教育は、いまでは自然保護なのである。私はそれで「正しい」などといっているのではない。実情がそうだろ、といっているのである。だから子どもに事故でもあれば、「仕方がない」どころか、大騒ぎである。天然記念物の木を切り倒したくらいに思う。これで子どもがまともに育つわけがない。私はそう思っているが、私がそう思ったところで、一般の考えが変わらない限り子どもの状況は変わらない。だから本を書いているのである。

自然保護というのは、変な言葉だと述べた。台風も噴火も地震も伝染病も、「自然」ではないか。じゃあ、それも「保護」するのか。子どもだって、神戸の少年Aみたいなのまでいる。子どものいい悪いではない。子どもが将来どうなるか、親だって完全な予想はできないのである。隅々まで親が自分で設計してつくったわけではないからである。都会人は「ああすれば、こうなる」と考える人たちだと述べた。ところが子どもとは、しばしば「どうしていいか、わからない」ものなのである。親であれば、それは痛いほどわかっているはずである。赤軍派の親だというので、首をくくった人までいる。だから都市では少子化が起こる。そんなわけのわからないもの、うっかりつくったら危なくてしょうがない。本音ではそう思っているに違いないのである。

その意味では、環境省と文部科学省は、同じ問題を扱っている。もちろんそんなこととは、お役人は夢にも思っていないに違いない。しかしそう思わないのは、現代の社会制度が徹底的に固定しているためであって、そうした官僚制度の硬さは、いうなれば江戸時代も真っ青というべきであろう。江戸の役人に比べたら、いまの人は自分のほうが「近代化している」「ゆえに偉い」と思っているに違いない。私自身はそんなことは夢にも信じていない。はっきりいうなら、じつは「とんでもねえ時代だ」と思っているのである。

虫は自然の虫眼鏡

虫の生態は複雑だが、じつに興味深い。ファーブルを読めば、だれだってそれがわかるはずである。カリウドバチは子どもの餌になる虫の神経節を刺し、動きだけを麻痺させる。だからタマムシツチスガリは、タマムシを狩る。採集をしていても、ほとんどとれない珍しいタマムシを、このハチはたくさん見つけてくる。どうやって見つけるのか。そもそもなぜタマムシなのか。そこでファーブルは、タマムシを解剖する。なんと、神経節がほぼ一ケ所に集まっている。それならまさに「ハチの一刺し」で、相手を麻酔できる。集まっていない虫では、一刺しというわけにいかないのである。こういう相手を、ハチは進化の過程で、解剖もせずに、どうやって見つけたのか。

ともあれこうして、相手を生きたまま子どもの餌にする。こんな戦略が、進化の過程でカリウドバチのDNAにどう書き込まれたか。だからファーブルは、それを自然選択で説明してみろと挑戦した。そういう複雑な生活を、たくさんの虫が営んでいる。しかも、その戦略は虫の種類ごとに異なる。

熱帯雨林で虫をとれば、いかに虫が多いかがわかる。同じ種類がたくさんいるのではない。種類が多いのである。シーツを張り、夜中に明かりをつけておけば、虫が山ほど集まる。地面を歩く虫まで、近寄ってくる。そういう虫にひかれてか、ヘビまで来る。生物多様性が理屈抜きで実感できる。

日本のなかだけでもさまざまな虫がいて、その生態はまだわからないことだらけである。虫をとっていると、人間が環境を変えたために虫の生態が変わったのか、もともと自然環境でそ

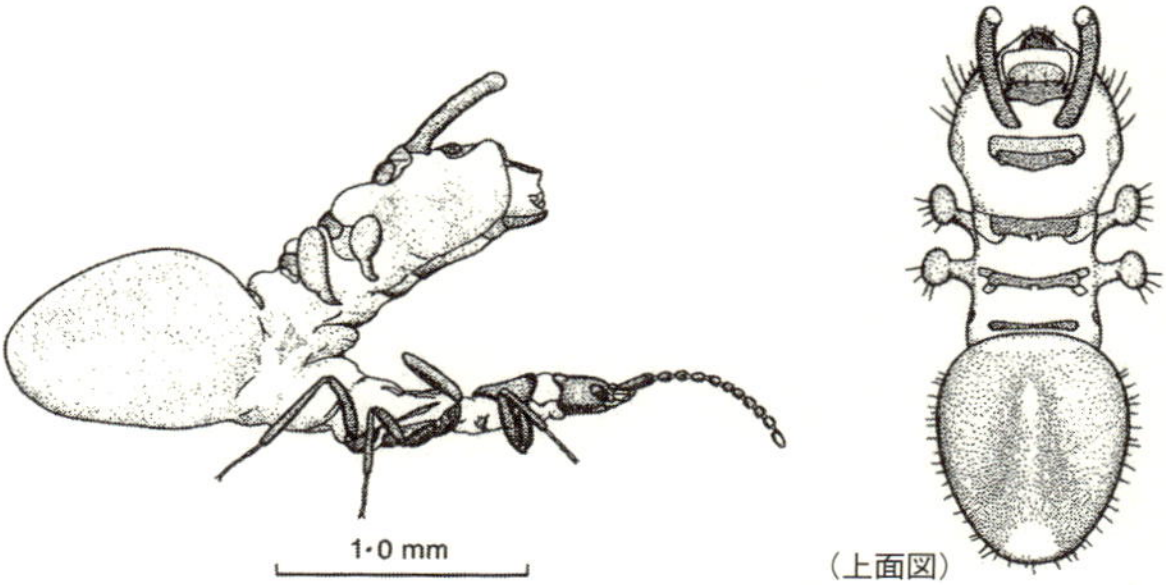

オーストラリアのハネカクシの擬態。背部にシロアリそっくりの構造をもつ
By B. Rankin（from AUSTRALIAN BEETLES by J. F. Lawrence & E. B. Britton, Melbourne University Press, 1994）

ういう生態を営んでいたのかという疑問が湧くこともある。そういうことは、まだほとんど調べられていない。このままだと、ここでこんな虫がこんなふうに暮らしていたということもわからないうちに、その虫がいなくなってしまう。それがどうした。そういわれそうだが、だからいまの人は乱暴だというのである。自分がつくり出せもしないものを壊すのだけは得意なのである。

誘導弾が正確に目標にぶつかる。それで感心するなら、ダニでもヒルでも考えてみればいい。ほとんどロクな感覚器官があるようにも見えないのに、あっという間に私に取り付いている。前にも述べたように、子どもは時計を分解できるが、つくることはできない。砲弾は壊すことはできるが、ものをつくり出すわけではない。破壊力が増すのが兵器の進歩だが、つくるより壊すほうがはるかに簡単なのは、子どもだってよくわかっている。

最近では、「とにかく虫をとるな」という原理主義が一方にあり、他方に生物の遺伝子を特許にしようとするアメリカの政策の影響があって、どこの国でも虫がとりにくくなった。しかし自然はシステムだから、昆虫採集ぐらいで生態系が壊れることはない。問題になるのは、ゴルフ場やスキー場を開発するような、ほとんど根こそぎ自然環境を変える活動である。

虫は自然の中で生きてきたから、同時に虫には自然の歴史が刻まれている。近年、大澤省三氏ら、大阪府の高槻《たかつき》にあるJT生命誌研究館の研究者たちが、日本のオサムシを調べた。細胞の中にあるミトコンドリアのDNAを調べて、オサムシの詳しい系統図を描いたのである。日本には三十四種類のオサムシがいることになっている。ある種類のオサムシと別の種類のオサムシのDNAで、塩基配列がどれだけ違っているかを調べると、この二種類がいつ分かれたのかがわかる。これをきちんと整理して、時代とともにオサムシがどのように分化してきたのかを表したのが系統図である。

大澤さんたちの系統図を見ると、オサムシの分化が、日本列島が変化してきた歴史と密接な関係をもっていることがよくわかる。二千万年前、日本列島はユーラシア大陸の一部だった。現在の朝鮮半島のあたりから北東に向かって、大陸の東端をなしていた。千五百万年前に、この東端部分は大陸から離れ、東北弧と西南弧の二つに分かれた。同時に全体が沈み、小さい島

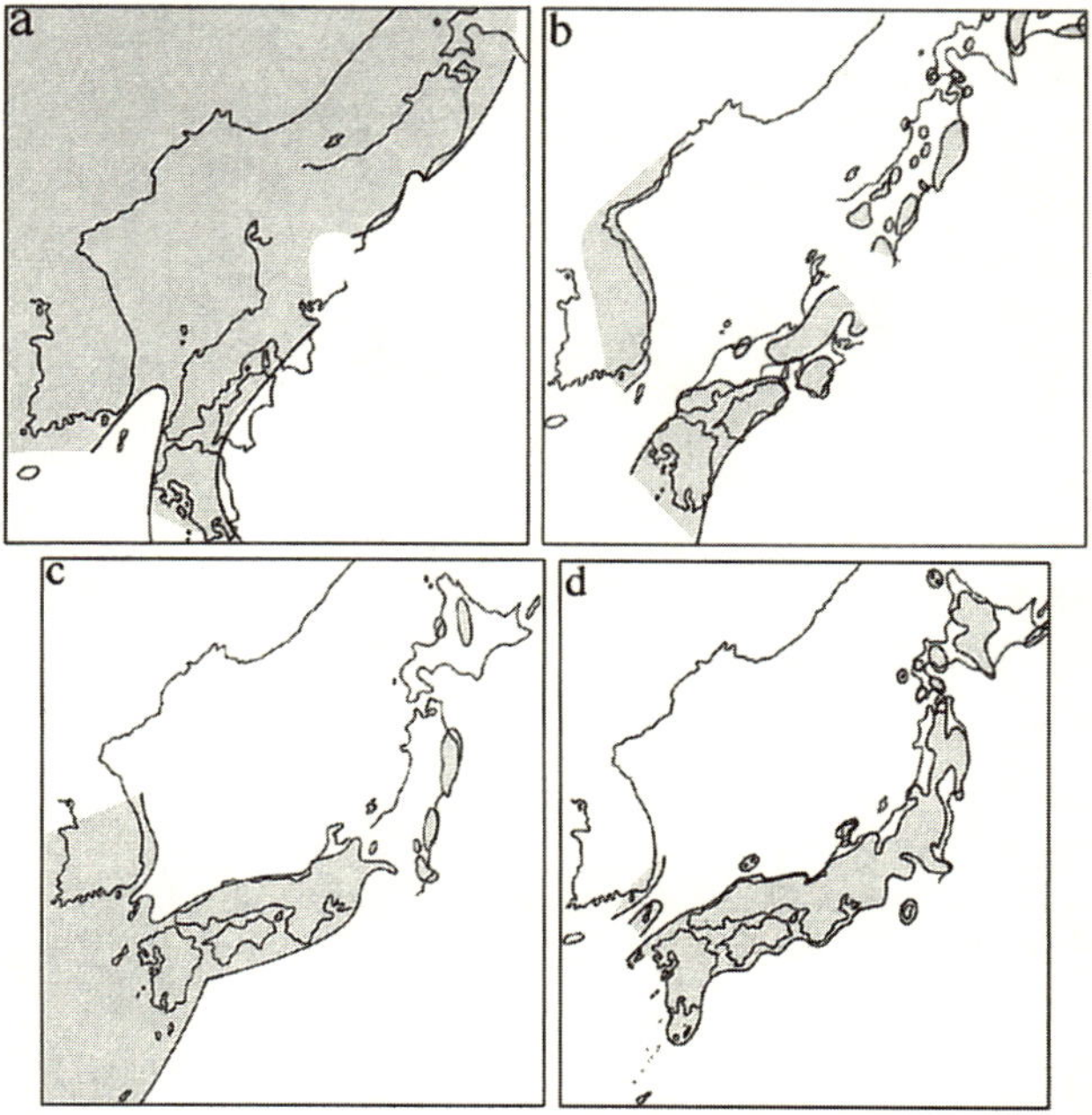

日本列島の歴史　a, 2000～1500万年前、b, ～1600万年前、c, 1300万年前、d, 450万年前。a-dのシャドウは陸地。ただし、b-dでは大陸のシャドウの大部分を省略（『DNAでたどるオサムシの系統と進化』大澤省三、蘇智慧、井村有希、哲学書房より）

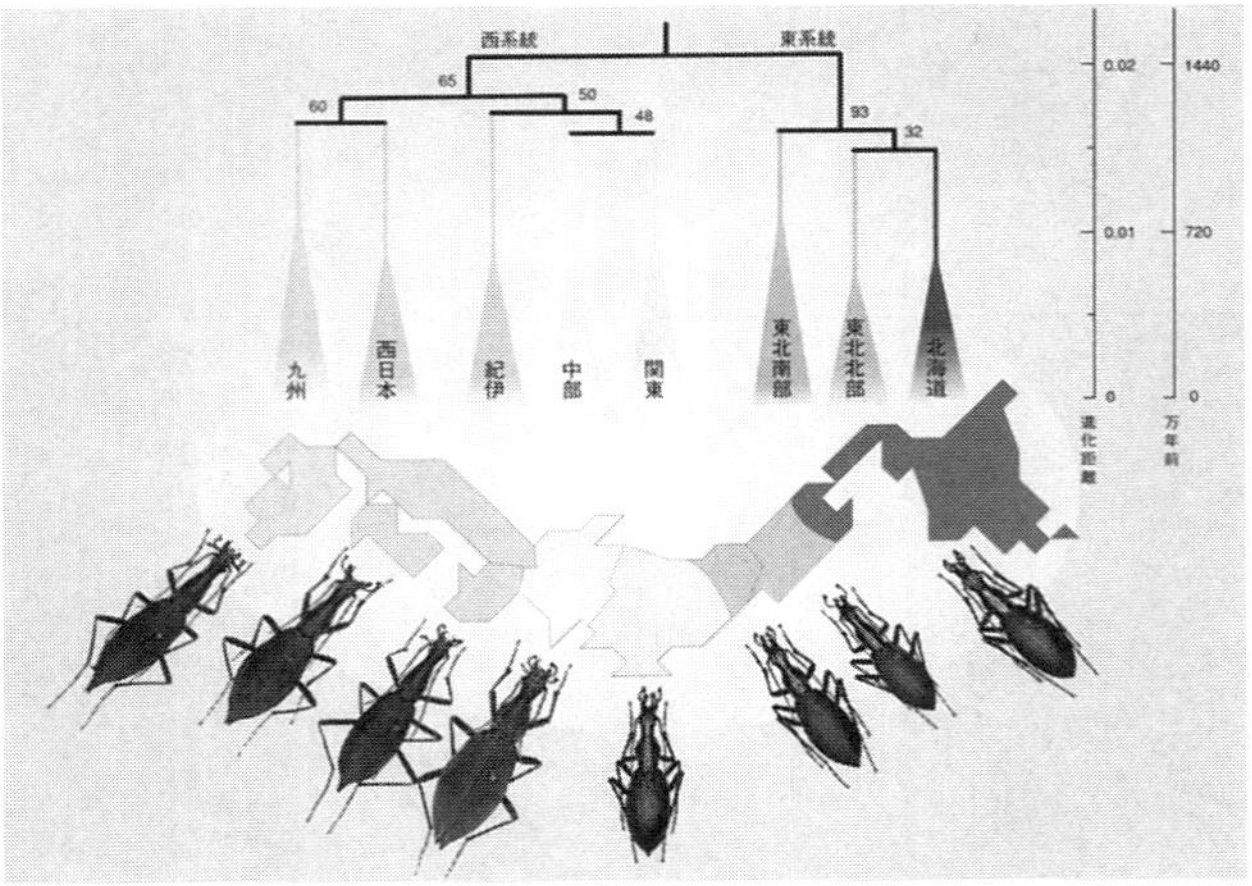

ミトコンドリアＮＤ５遺伝子による系統樹を模式化したもの。三角形は系統性を表す（『DNAでたどるオサムシの系統と進化』大澤省三、蘇智慧、井村有希、哲学書房より）

がたくさん集まった状態になった。その後、西南部から上昇がはじまって五百万年前に現在の列島の原型ができたのである。

オサムシの一種であるマイマイカブリの分化は、この歴史とみごとに対応している。マイマイカブリの祖先は、日本列島が大陸の一部であったころから、このあたり一帯に棲みついていた。それが大きく東系統と西系統に分かれたのは千五百万年前で、日本列島のもととなる陸地が東北弧と西南弧に分かれたころにあたる。さらに、東系統は三つ、西系統は五つの亜系統に分かれた。これは多島化の時期にあたっている。日本列島が現在のような形になってからは、別々に生き延びてきた八つの系統が、それぞれに勢力を伸ばし合い、交雑なども起こって、現在のような分布となった。

虫好きなら、系統図を眺めているだけで、一日経ってしまう。一般の人にもわかっていただけそうな興味深い点は、津軽・下北と北海道に同じ系統が分布していることである。生物の分布には、北海道と東北のあいだで違いが見られることが多く、境界線があるとされてきた。これをブラキストン線という。マイマイカブリには、この線がない。それ以外の東北は、また別な二つの系統に分かれている。東北地方はもともと二つの島だったということが、マイマイカブリの分化からわかるのである。

地磁気などの研究から推定されてきた日本列島の成立の歴史に、オサムシの系統図は大きな裏付けを与えた。列島成立の歴史にはじまる日本の豊かな自然と、虫の分化の関係を論じることができるようになったのである。そんなことは、ほとんどの人が想像しなかったに違いない。DNAによるオサムシの系統図がつくられたことで、これまで形態で行われてきた分類も、大きく変わらざるをえなくなった。

どこにでもいるような小さな甲虫類でも、仔細に調べれば、そこには日本列島の歴史が書き込まれている。私自身もゾウムシという甲虫を調べている。じつは長年虫を集めてきて、最後まで手元に残ったのが、ゾウムシなのである。チョウを筆頭として、甲虫であればクワガタ、カブトの類、カミキリムシ、オサムシなどは愛好者が多い。そういう虫の標本は、いつの間にかなくなる。だれかが持っていくからである。ところがだれも好まない虫の標本は、いつまでも手元に残っている。だから長年のあいだには標本が溜まる。そういう虫を、虫好きは雑虫と呼ぶ。その一つがゾウムシなのである。もっとも最近はこれを調べている人が多くなった。ロンドンの自然史博物館で四人で食事をしたことがあるが、全員がゾウムシを調べている人たちだった。甲虫ではもっとも種類が多いといわれる、巨大なグループなので、いわば調べ残されているのである。その甲虫自体が、動物のなかではもっとも種類が多いグループだといえば、なにが問題か、わかるであろう。多様性が高すぎるのである。

ゾウムシにも、オサムシによく似た地域性を示すグループがある。たとえばゾウムシのある属で、天城山から箱根山にかけての分布を調べていくと、天城側に二種類、箱根側に二種類いて、それぞれ種が違う。天城にいる種は箱根におらず、箱根にいる種は天城にいない。こんなにわずかな距離で、種類が違ってくるのは、なぜだろうか。本来島だった伊豆半島が、八十万年前に本州とつながったことと、関係があるに違いない。全国的な分布が当然知りたくなる。クソ忙しいのに、虫の季節になると、だから日本中を駆けずり回ることになる。まだまだ空白域も多いが、少しずつなにかがわかってくる。そうなるとやめられない。

種類を示すシールを、日本地図に貼り込んでいくと、わずか数キロメートルの距離に、違う

象虫の名にふさわしい姿のオオゾウムシ（写真／海野和男）

種類のシールが並ぶ。そんなときは、風土の微妙な差異がこの虫の分化にいかに大きく影響してきたかを実感する。日本の国土は狭いが、複雑な地形と変化に富んだ気候のおかげで、狭い地域ごとに風土は少しずつ違う。そんな自然の豊かさが、虫の種類に反映している。生物多様性の典型例の一つでもある。アメリカのように、一〇〇キロ離れていても風土が変わらないところに住んでいたら、こんなことはしていないと思う。虫は小さいから、周囲の狭い範囲の環境が大きく影響する。だから、虫をとろうとすれば、自然を細かく見ることになるのである。

ダーウィンが生物多様性という問題に取り組んだ出発点は、甲虫にあった。イギリスには、日本よりもはるかに種類が少ないが、それでも多くの甲虫がいる。「なんでこんなに多くの種類があるんだ」という疑問があり、それがガラパゴスでフィンチを見たときに、進化論として結晶化したに違いない。

情報と情報化の違い

データや標本の話に戻す。この手のことは、やはりイギリスが先進国である。生物多様性に関する情報の収集と保存の現状を知るために、環境省の依頼でイギリスに行った。すでに触れた自然史博物館の他に、キューガーデンKew Gardensという名で知られる王立植物園と、CABI（Commonwealth Agricultural Bureaux International）という国際的なNPOが運営するカビの研究所を訪ねた。

ロンドンにあるキューガーデンには、世界中から植物標本が集まっている。かつて植物標本はベルリンにも集まっていたが、第二次世界大戦の空襲ですべて焼失し、いまはキューガーデンが世界の中心となっている。自然史博物館では、昆虫の標本をこれ以上受け入れられない状態になっていたが、キューガーデンは十分な敷地があるので、三十年に一つ建物を建てるなら、これからも当分は標本を受け入れられるという。そういう見方が日本にあるか。ついそうこぼしたくなる。

ロンドン南西部の王立植物園、キューガーデン（写真／JTBフォト）

そういう植物園だから、世界中の博物館と頻繁に標本のやりとりがある。驚いたのは、どこになにを貸し出し、どこからなにを借りているかを、女性二人だけで管理していることだった。まるで郵便局のように、世界中から来た標本が担当の研究者に配られ、研究者から貸し出される標本が世界中に配られる。もちろんコンピューターを使っているが、その手際のよさは日本では考えられない。日本なら事務量が膨大になってしまうところだろう。情報をため込むだけでなく、それを生かすには、そのためのシステムが必要だと痛感した。

一方、ＣＡＢＩは、英連邦諸国の農政部局と農学系研究所群を前身とする国際組織で、生命科学の知識を応用して農業問題と環境問題の解決を図ることを目的としている。イギリスの他にケニア、マレーシア、パキスタン、スイス、アメリカにセンターがあり、農産物の病気や生物農薬などについての研究、データ整備、普及啓発と、さまざまなデータや研究成果の出版を活動の二つの柱としている。その活動の一つとして、菌類のデータベースを構築、運営している。ロンドンの郊外に研究所があり、そこを訪ねた。

菌類とはカビ、キノコ、酵母のことで、この研究所には世界中の菌類の標本が集められている。カビは、液体窒素で冷凍保存できる。なかでもいちばんの目玉は、アレクサンダー・フレミングがペニシリンを抽出した青カビで、そのときの株が生きたまま保存されている。キノコは乾燥保存である。また、この研究所では、種類がわからないカビを調べて同定するサービスもやっているので、世界中からサンプルが送られてくる。

ここでも印象的な光景を見た。カビに関する文献をデータベース化するのも、この研究所の仕事なのだが、実際にデータを打ち込んでいるのが研究者だった。データ入力をしてくれる人を雇う予算が切られたので、自分でやっているという。怒ったり、ふてくされたりせず、これはやらなければいけない仕事だから当然やるという感じだった。

そこで思ったことは、標本やデータという基本的な情報に関する価値観が、おそらく日本人とは根本的に違うらしいということである。標本は現物で、データはそれに関する情報の源である。両者をきちんと管理するのが当然なのだが、日本であれば、「そんな手数をかけて、どういう利益があるか」とまず訊かれるであろう。

たとえば、福島県須賀川にムシテックワールドという科学館がある。小中学校に新設された「総合学習の時間」に昆虫を通じて科学を学ぶ施設として、未来博の建物を利用してつくられた。私は非常勤の館長を務めているが、そこにも標本を保存する建物はない。生きた虫は見せているが、標本は「福島虫の会」の人たちがボランティアで展示しているだけである。

強調しておきたいのは、データや標本という情報を集める作業は、自然とはどういうものであるかを把握する作業だということだ。自然は膨大で、非常にディテールに富んでいるから、情報を集める作業も膨大でディテールに富んだものになる。われわれにできるのは、情報を少しずつ集積し、実体と関係づけながら読み解いていくことである。そのなかで、自然がしだいに把握できていく。それが、自然というシステムを理解することであり、環境問題に取り組むときの基礎になるのである。

日本では、標本という概念がまず理解されていない。そう思うことが多い。標本は自然から得られたサンプルである。解剖をやっていたころ、実際の人体ではなく、模型で間に合いませんかという質問をよく受けた。本音をいうなら、そこで「バカ野郎」と怒鳴るところだが、私は紳士だから、そういうことはしない。仕方がないから、ていねいにご説明させていただくことにしていた。

第一に、標本は自然物だから、同じものはない。「かけがえがない」のである。模型だって一つしかないこともあるが、いまではたいてい量産される。どれを見ても「同じ」ようにつくってあるのが模型である。同じ人間がいるわけがない。それが「個性」で、個性はじつは身体なのである。ところが個性は「心」だと、いまの人はたいてい思っている。だから模型ですませようと、安直に思うのである。ここで納得のいかなかった人は、新潮新書の『バカの壁』をぜひ読んでくだされぱと思う。

第二に、模型は人間の意識がつくり出したものである。つまり人工物である。いいかえればコピーである。何度も繰り返しているが、自然と対立するものが人工、つまり意識なのだから、自然を知るために人工物を使うというのは、根本から話がわかっていない。

第三に、模型は詳細を欠いている。当たり前の話であろう。細かいところは全部、省略なのである。人体の標本なら、顕微鏡で見れば、細胞が見える。模型でそんなものが見えるわけがない。均質なプラスティックの材料が見えるだけである。そんなもので「なにかが学べる」と思っているのが、都会人なのである。

なぜか。都会人とは、情報化社会に住む人だからである。模型は意識の産物で、それなら情報である。情報は「同じ」で、いったん情報化すれば、もはや「変わらない」。いくらでも

「コピーできる」のである。標本にコピーはない。自然のシステムは、情報とまったく異なる実在である。その実在から情報を起こすことが、真の意味での情報化である。それに対して、情報そのものを扱うことを、情報処理という。都会人の仕事は情報処理に尽きる。だからインターネットなのである。

このあたりをきちんと説明しようとすると、本がもう一冊になる。標本が大切だという話をしても、こちらは疲れるだけである。面倒くさいから、明治のころと同じように、イギリスを見習え、というしかない。だてに大英帝国が成立したわけではない。イギリスが植民地を上手に統治し、「侵略」したくせに、現地の人にさほど恨まれていないのは、なぜか。複雑な現実を、ていねいに情報化しているからである。ダーウィンの仕事を見ても、それがよくわかる。文化人類学という分野も、それで成立したのである。

第六章　これからの生き方

環境問題はシステムの問題

環境問題はむずかしい。温室効果ガス問題一つをとっても、ほとんど議論百出、なにがどうなっているのか、よくわからない。アメリカは京都議定書を認めないし、ヨーロッパ諸国はそのことがけしからんという。生物多様性を維持せよといっても、なにをいっているのか、具体的には理解できない。トキが絶滅しなければいいのだろうか。ゴキブリは減ったほうがいいんじゃないか。

こうした環境問題のむずかしさは、それがシステムの問題だというところにある。システムというのは、たくさんの要素が集まって、全体として安定したふるまいをするような存在である。たとえば、すでに述べたように、細胞は生物の基礎となるシステムである。自分で食物をとり、一定の姿を維持し、自分と同じものをつくり出す、つまり増殖する。細胞に含まれるタンパク質には万という種類がある。そのほかに水も多量に含まれているし、無機イオンもたくさん入っている。しかもそれが、きちんとした構造をつくっている。そんなものを全体として説明することは、ややこしくて、とうていできない。

人間社会ももちろんシステムである。生態系も「系」という言葉が示しているように、システムとして把握された生物の世界である。環境問題とは、こうしたシステムについて考えることだが、現代人はそれが苦手なのである。一つの理由は、もちろんややこしすぎるからである。システムは、簡単に理解しようとするには、複雑すぎる。

さらに現代の学者は、システムの理解が根本的に苦手である。どうしてだろうか。

その理由は、現代の科学という「システム」にある。科学者になろうとする若者が、まずしなければならないこととはなにか。「論文を書くこと」である。私が大学院生だった一九六〇年代には、すでにPublish or Perish（書くか、去るか）というアメリカ型の価値観が、ささやかれはじめていた。論文を書かなければ、業績にならない。業績がなければ、研究費がもらえない。とくにアメリカの場合には、研究費から人件費が出る。研究費がないということは給料も満足に払えないことを意味した。私が研究者生活をしてきたあいだ、この傾向は日本でもどんどん強くなった。いまでは偉い先生とは、立派な論文をたくさん書いた人なのである。それなら「学界」がどうなるか、予想できるはずである。論文が書きやすい分野、論文になる分野に人気が集まる。科学者だって、社会のなかで食わなければならない。生きるため、偉くなるためには、論文を書かなければならないのである。それがシステムの理解を妨害する。といっても、なんのことか、通じないであろう。論文を書くことは、システムを扱うことと、いわば正反対の行為なのである。

そのことを、自分の経験した例から説明しよう。

私は解剖学を専攻した。六〇年代でも、解剖学をやるなどといえば、

「いまさら解剖なんかやって、なにかわかることがありますか」

と、素人に訊かれたものである。解剖なんて、山脇東洋、杉田玄白の時代のものじゃないか。

「いまさらそんなことして、どうなるというの。若い者は生化学でもやりなさい」

それが当時の「常識」だったのである。

大学院に入って、解剖を専攻することにした。今度は素人ではなく、周囲の先輩、別の分野の専門家にいわれる。

「お前なあ、スルメ見て、イカがわかるか」

スルメつまり死体を見て、イカすなわち生きた人間のことがわかるか、というのである。この批判は、若い私にはずいぶんこたえた。基礎医学であれ、臨床であれ、医学者はたいてい生きた対象を扱う。死んだ人なんか見ているのは、解剖関係の分野だけである。

六十歳を過ぎると、ナーンダと思う。イカがわかるかと訊いた先輩たちは、論文を書いて偉くなった。でも論文とはなにか。生きものを情報化したものである。情報は生きものではない。止まったものである。論文を百万集めたって、大腸菌一つできない。システムは構築できないのである。いうなれば、論文こそが、生きもののスルメなのである。それならあの先輩たちは、

要するにスルメづくりの専門家だったんじゃないか。

　ある学会でそういったら、

「じゃあ、お前はなんなんだ」

と、また反論が返ってきた。だから私は、

「私はスルメを裂きイカにしていた、裂きイカ業者です、それで生きたイカがわかるといった覚えはありません」

とお答えした。

　これは単なる冗談ではない。システムを情報化すること、つまり生きものについて論文を書くことが、十九世紀以来の医学・生物学の仕事だったのである。生きものという複雑怪奇なシステム、それの一面をとらえて、論文という形に「情報化」する。それがここ百五十年間、科学がもっぱら従事してきた仕事だった。その作業の向きを逆転して、情報からシステムを構築する作業は、すっかりお留守だったのである。

　ロボットをつくる。そういう簡単な例を考えたら、すぐにわかるはずである。ロボットはきわめて単純なシステムと見なすことができる。ロボットをつくる人は、論文を書くだろうか。そんな暇があったら、いまのロボットを改良しようとするであろう。絵描きさんは、「どうしたらいい絵が描けるか」という論文を書くだろうか。そんな暇があったら、よりよい絵を描こうとするであろう。

つまり科学の世界は、ここ百五十年間、システムをひたすら情報化してきたのである。おかげで複雑なものを簡単に説明するのは上手になったが、複雑なものを上手に動かすのは下手になったらしい。だから専門家は説明はしてくれるが、どうすればいいか、それはわからなくなった。説明の詳しさに比べて、「どうすればいいか」の乱暴さは、目に余るものがある。そういってもいい。

複雑なシステムを単純化して説明する。そのためには部分的に説明するしかない。だから専門分野がイヤというほど分かれた。論文は死ぬほど出る。でも全体がどうなっているか、だれにもわからなくなったのである。

この先どうなりますか

右のように説明すると、

「じゃあ、この先どうしたらいいんですか」

と訊く人が多い。情報化するというのは、脳の外にあるシステムを脳の中に入るようにすることである。脳の中に入れれば、シミュレーションができる。シミュレーションとは「ああすれば、こうなる」ことである。違う風にすれば、違う風になる。それを繰り返して、自分にとっていちばん都合のいい例をとればいい。

つまり「どうしたらいいか」という質問は、シミュレーションが成り立つことを前提にしている。自然に対しては、それが成り立たないことが多いのは、すでに説明した。システムが「ああすれば、こうなる」ようになっているかどうか、そもそもそこがわからない。だからカオスなのである。それならまったくわからないかというなら、わかることもある。じゃあ、なにが問題なのか。「どうすればいいのか」と質問する人の考え方が問題なのである。どうしたらいいかわからないことは、人生には山のようにある。それを認めたうえで「辛抱強く、努力を続ける根性」が必要なのである。自然を相手にしていれば、ひとりでにそうした性格が育つ。それがないのが、都会人なのである。即座に答えが出ることを求めるからである。だから田舎で暮らす必要がある。それにはどうするか、それは次の項で述べる。

そもそも独立した大人が、「じゃあ、どうすればいいんですか」と、他人に訊くこと自体が変だと気づくべきなのである。説明だけして、どうすればいいか、それをいわないのは無責任だという意見がよくある。都会の人はそういいたがる。そういう意見こそ、まさに無責任である。相手の説明とは、自分の脳への入力である。そうした入力を、それ以前からの知識経験と混ぜ合わせて、「自分の脳」という計算機が「出力」する。それが「どうする」なのである。

その出力こそが、自分の責任ではないか。出力は、いかに小さいといっても、かならず外界を変化させる。それを他人のせいにしてはいけない。どういう出力をするか、それを決定する存在を個人という。キリスト教の世界では、それを「人間には自由意志がある」という。

環境問題を議論すると、

「そうはいっても、昔の生活には戻れませんからねえ」

と慨嘆する人がかならずいる。ジャーナリストにはとくに多い。そこで私はカッと怒る。「戻れません」という証明を、だれがしたのか。それをいうなら、「昔の生活には戻りたくありません」だろうが。それなら本人の意見だから、それを私はそれなりに尊重する。しかしそれを「戻れませんからねえ」と、あたかも昔に戻ることが「客観的に不可能」であるかのように主張するのは、インチキである。環境問題は他人の問題ではない。自分の生き方の問題なのである。

環境問題のむずかしさは、こうした「考え方」の問題によく表れている。では「どう考えたらいいのか」。

環境を考える第一の段階は、自然や社会といったシステムを情報化することである。それがこれまでの科学がやってきたことだと説明した。情報化されたのは、実体としての自然や、現実の社会である。情報の基盤には、情報源である「実体」がある。医療でいうなら、患者さん自身は実体で、検査の結果は情報である。患者さんは検査の結果という情報としてとらえられた、つまり情報化されたのである。

その情報に基づいて、医師は治療の方針を決定する。これが第二、第三の段階である。第二段階とは、その情報を整理して、意味のある情報と、意味のない情報をより分けることである。これは広い意味での情報処理である。

第三段階は、そうした情報処理に基づいて、どういう治療をするか、それを決定することである。脳でいうなら、これが「脳からの出力」ということになる。

それで治療がうまくいかなければ、第一段階から、また繰り返す。うまくいったなら、患者さんはもう病院に来なくなるから、問題は解決である。

環境問題では、人々それぞれが医師である。医療では、検査をするのは技師である。同じようにいうなら、環境では、技師に相当するのは、各分野の専門家である。それが十分かというなら、きわめて不十分であるというべきであろう。だから実体がどうなっているか、まだまださまざまな検査をしなくてはならない。それを専門家だけにまかせておくことはできない。なぜなら、環境問題はすべての人の生き方に関係しているからである。だから最初に環境問題は最大の政治問題だと述べた。

環境問題について、多くの人が自分が医師だとは思っていない。だからこそ「どうしたらいいんですか」「もとには戻れませんからねえ」といった声が出る。人々が医師でないとしても、いまの医療ではインフォームド・コンセントがいわれる。どのような治療をするかについて、医師は事前に十分な説明をしなければならない。皆さんが医師ではなく患者であるとしても、環境については、自分自身に十分な説明をしなければならない。それが自己責任ということである。その結果を自分と子孫が受け入れなければならないからである。

それで十分か。ここまで読んでこられた読者は、それではまだ不十分だということに気づかれたと思う。第一の問題は最初の情報化にある。実体を情報化するには、ほとんど無限のやり方がある。情報は実体の一面にしかすぎない。それが明確にわかっているなら、情報化には意味がある。

ふつうは「一面では意味がない」と考えるであろう。そうではない。一面だけをとらえてシステムが「わかった」と思うのも誤りなら、「一面しかわからないからダメ」というものでもない。われわれがシステムの限られた面しかとらえることができないのは、わかりきったことではないか。

だからたえず「実体の情報化」に戻る必要がある。それが科学の本当の意味である。実体の情報化が自分でできるためには、五感のすべてを使って、実体に触れる必要がある。いまの人はそれをしない。都会という場所は、自然という実体に触れないところだということを、私は長年主張してきた。だからもう繰り返さない。しかし実体に自分で触れない限り、自分なりに「情報化する」ことができない。だから「どうすればいいんですか」「もとには戻れませんからねえ」になってしまうのであろう。

そのかわり現代人がきわめて有能なのは、情報処理である。数字になったもの、言葉になったものを、理解したり、伝えたりする。それは得意である。ジャーナリズムもインターネットも、まさにそれではないか。ところが数字にしたり、「言葉にする」ことは下手である。

「いや、数字はともかく、言葉にするのは上手なんじゃないか」。人間関係を言葉にするのは上手である。なぜなら年中、人間関係にさらされているからである。それをコミュニケーションともいう。田舎の人が口下手だというのは、よく知られている。ここで私がいう「言葉にする」というのは、たとえば自然を言葉にすることである。ファーブルはそれをした。『昆虫記』のようなものを、いまの人が書けるだろうか。「一日中、田舎道に座り込んで、ハチを眺めている暇なんかない」。現代の都会人なら、そういうに決まっている。「そんなことをしていたら、仕事を首になる」。それならファーブルはどうだったかというなら、貧乏な田舎教師だった。「身近にハチなんかいない。興味もない」。それはわかる。「そんなものを観察して、ハチの生き方を言葉にしたからって、それがどうだというのだ」。

だから「生き方の問題」だといったのである。「都会で忙しく働いているあなたと、ファーブルと、どちらが人間の生活を豊かにしたと思いますか」。それが私の尋ねたいことなのである。

参勤交代

大人にああせよ、こうせよと、私はいいたくない。そんなこと、自分で決めりゃあいいのである。それが一人前ということである。

それでも、「じゃあ、どうすればいいんですか」と訊く人は、あとを絶たない。それどころか、私の本には「どうすればいいか、書いてない」などと文句をいうのである。

それなら提案しよう。現代の日本人は、すべからく参勤交代をすればいい。いいたいことは、とりあえずそれだけである。

たとえば一年に三ケ月は、田舎で暮らす。そうしたら都会に戻って、会社勤めを再開する。都会で残りの九ケ月を過ごす。「そんなこと、やりたいやつが、勝手にやればいいじゃないか」。

この日本の世間では、おそらくそうはいかない。自分だけそれをしようと思うと、同僚から白い目で見られる。仕事を怠けて、あの野郎、どこをほっつき歩いてるんだ。そう思われる。自分が田舎に行っているあいだに、人事異動で干されてしまう。極端な場合には、リストラされる。そういうわけで、これは全員に義務づけないと意味がない。だから「参勤交代」なのである。

さらに、一つの会社だけがそれをしたら、競争相手に負けてしまうはずである。一年のうち三ケ月、社員が田舎に出かけていない。ということは、人数を四分の一、増やす必要があるということである。この不景気な世の中で、それでは人件費がかかりすぎる。だから本当にやるとすれば、すべての会社がいっしょにやらなければならない。ゆえに参勤交代なのである。

田舎にいるあいだは、田舎暮らしをする。いろいろ不便に違いない。だから暮らしをあるていど便利にしてもいいが、村を都会に変えてはいけない。参勤交代の意味がないからである。田舎暮らしでなにをするか。山の手入れでも、田んぼの手入れでも、大工仕事でも、なんでもいい。することなら、いくらでもあるはずである。

どうしてそうするのか。身体という自然、それを使うことを覚えなければならないからである。それと同時に、外の自然に触れなければならないからである。

そうしたらどうなる。やってみるしかない。やってみれば、自分の考えが変わるであろう。どう変わるか。やってみればわかる。変わらなかったら、どうか。そんなこと、私の知ったことではない。でも変わるはずである。

その意味で日本人が変わり、考え方が変わる。それ以外に、環境問題の真の解決を、私は思いつかない。いまのままの一方的な都市生活を続けながら、環境をどうするなどと議論していても、水掛け論、小田原評定になるだけであろう。

現在、日本は都市への一極集中になっている。北海道なら札幌、東北なら仙台、関東近辺は東京と、それはだれでもわかっているはずである。高知県なら、県の人口の四割が高知市に集中する。それに並行して起こっているのが、過疎化である。田舎を訪問してみれば、だれでもわかるはずである。農水省はそうした過疎の起こっている地域を、中山間地域と呼んでいる。これが日本全土の八割を占めるという。

政府は田舎の振興策をいろいろやったが、成功したとは思えない。それでも過疎化はひたすら進行したからである。それならそれは一種の必然だったのである。たとえば道路を懸命につくったが、スポイト現象が生じただけだった。道路が便利になったら、それを利用して、田舎の人がむしろ都会に出てきてしまったのである。これはもちろん誇張だが、田舎がほとんど失われたことは、私がことさらいうまでもないであろう。

その田舎を振興しろといっても、おそらく意味がない。人々が田舎暮らしをする気がないからである。それなら田舎に意味がないかというなら、すでにおわかりであろう。問題は田舎か都会かではない。われわれの生き方、それに対する考え方の問題なのである。

私は都会にしか住みたくない。田舎暮らしなんか、真っ平ごめんだ。そういう人がどのくらいいるだろうか。あんがい少数派ではないか。私はそう思う。仮にそれが多数派だとしても、考えてみれば、その多数派の言い分が成り立たないことは簡単にわかる。日本が都会だけになったとしよう。これは明らかに変である。だれが田畑の面倒をみるか、山林の面倒をみるのか。いったい、だれがどこで手に入れたものを食べるつもりなのか。

たとえ話をしよう。都会が頭だとしたら、田舎は身体である。頭は身体のことを完全には理解しない。自分がいつ死ぬか、それすらわからないのである。それなら頭は身体しだいなのだが、頭はそう考えたがらない。自分がいちばん偉いと思っているからである。都会と田舎が同じである。田舎がなければ、都会は成り立たない。いまの日本を見たら、都会だけで成り立つじゃないかと思うかもしれない。そうではない。田舎を外国に追いやっただけである。だから中国野菜なのである。都会人が田舎者をバカにするのは、世の常である。それは頭が身体をバカにしているのと、同じことである。だから「肉体労働」などというのである。しかし、どんな仕事であれ、肉体が動かない労働などない。パソコンをいじったって、手は動く。

田舎に住む利点はなにか。体を使い、日々必要なことを自分でする。こうした作業を続けることで、まさに「体が丈夫になる」。それが頭を支えるのである。それによって考え方が変わる。都会の考え方だけではダメだ。それがはっきり理解できるはずである。そうした田舎の「考え」があるなら、それを言葉で教えてくれればいいじゃないか。なにもわざわざ田舎に住むことはない。そう思う人もあろう。残念ながら、身体は自分の思いを述べたりしない。具合がよくなったり、悪くなったりするだけである。「考え」にならないからこそ、田舎であり、身体なのである。

戦後の日本を支えてきたのは、現在の中高年である。こうした人たちのほとんどは、もともと都会人ではなかった。私自身が育った環境ですら、いまでいうなら田舎であろう。少し歩いていけば田畑があり、町のなかには牛馬がいたるところにいた。三十代になった私の子どもたちにそんな話をしても、信じない。それを考えたら、わかるはずである。私は自分の後輩たちに、俺と同じように暮らしてみたらどうだと提案しているだけである。いまの都会に住んでいたら、そういう経験ができないだろうからである。

小学生のとき私は病弱だった。二年生のときは、出席日数が不足で、落第するところだったと聞いた。中学・高校は、歩いて片道四十分かかった。そこに通いだしたら、たちまち丈夫になってしまった。中学を休んだのは、友だちと相撲をとって、さば折りで腰を痛めたときだけである。

老人は「昔はよかった」というものである。それを割り引いても、いまの都市生活が健康だとは、多くの人は思うまい。健康とは、単に病気をしないというだけではない。どういう状況になっても、俺はなんとかやっていける。そういう自信をもつことである。そのためにいちばん大切なのは、身体である。田舎でそれを鍛える。

じつはこれはレジャーである。レジャーを、休暇をとって遊ぶことだと考えたから、間違ったのである。だから農薬だらけのゴルフ場で、大の男が、小さなボールを棒で殴って飛ばしている。車だらけの皇居のまわりを、ただひたすら走り回っている。べつにそれがいけないといっているのではない。体を動かすことを多くの人がいかに望んでいるか、それがわかるのである。それなら田舎で作業をしても、同じことじゃないか。

昔は田舎の仕事は「辛《つら》い」労働だった。いまではそうではない。栄養たっぷりの現代人が、太りすぎで困っているのである。こんな連中をどんどん働かせて、なにが悪いというのか。田舎に行って、体を動かしただけで、たちまちお腹が空く。私は年中虫取りをしているから、よくわかっている。食べたものが、ムダにならないのである。

大の大人が、ただレジャーといったって、することがなかろう。それなら山の手入れ、田畑の手入れをすればいい。それがお国のため、将来のためである。参勤交代といっても一種の強制休暇なのである。ただし田舎で寝転んでなにもするなということではない。働けというのである。

テレビで若いタレントがそういうことをしているのを、ご存じであろう。あれは田舎に永久に住めといわれているわけではない。だから楽しそうにやっているのである。田舎でしばし過ごしたら、都会の仕事に戻る。それならだれでもそうすればいい。「だれでも」という強制が必要な理由はすでに述べた。全員に強制しない限り、かならず抜け駆けが出るからである。みんながいない隙に、俺だけ儲けてやろう。これを許すわけにはいかない。これは一種の国民教育なのである。

四分の一の人たちが田舎暮らしをするとして、国際競争力はどうなるであろうか。それを疑問に思う人たちもあろう。競争力は一時は下がるであろう。しかしまもなく回復するはずである。そうした競争力を本質的に支えるのは、身体つまり体力だからである。頭を使うのに、四分の三の時間しかないとすれば、その間、頭を使うことに集中できる。自分の例で恐縮だが、私はずいぶん多くの本を書いている。しかし虫取りの時間はかなりとっている。虫取りの時間がなかったとすれば、もっと本が書けただろうか。もちろん、そうは思わない。逆に虫取りで山に行く時間があるからこそ、本が書けるのだともいえる。

いまでは日本中に、舗装道路が張りめぐらされた。連休中にそうした田舎の道路を走っても、車はほとんどない。幹線道路の混雑を思うと、信じられないくらいである。田舎に人が行くようになれば、こうした道路も生きる。いくら道路ができても、使う人がいなければ意味がない。いくら地方の振興を叫んでも、人がいなければどうにもならない。答えは簡単である。参勤交代をすればいい。

こうした参勤交代の経済的効果を、試算してみたらどうであろうか。江戸の参勤交代はもちろん幕府の政治的な意図からはじまったはずである。しかしそれが最後まで続いたということは、さまざまな社会的効果があったからであろう。私が提唱する現代の参勤交代には、なんの政治的意図もない。しかしそれが生み出す社会的効果は、きわめて大きいはずである。ここで私がいちいち述べなくても、想像力のある人なら、さまざまな効果に考えいたるはずである。

重要な点は、そこにはなんら政治的意図がないということである。まったく中立的な提案なのである。そうしたほうが、それぞれの人がハッピーになる可能性が高い。そう私は考えているだけである。これまでの政治は、不幸なことに、基本的に利益誘導で動いてきた。それをやめるとすれば、思い切って、いわば「中立的に」制度を動かすしかない。こうしたことを実行すれば、とりあえずは、たいへんなドサクサが生じるはずである。それで得する人も、損をする人もあろう。しかし長い目で見るなら、全員が得をするはずである。なぜなら日本という国に、底力がつくはずだからである。それができないほど、日本人は怠け者ではない。私はそう信じている。

なにもしないで、「先行きどうなりますか」と他人に訊く。不景気だ、失われた十年だ、と過去をいう。政治が悪いんだと、他人のせいにする。そうなったら、ある意味でおしまいだということは、だれでもわかっているはずである。問題は人々がなぜそうなってしまうかである。

もちろん学ばなくなったからである。学ぶとは、自分が変わることである。目からうろこが落ちる。それを先生に教えてもらって、やるのではない。自分で目のうろこを落とせ。私はそういいたい。それには生活に根本的な変化、明瞭なメリハリをつけなければならない。

参勤交代をして、この閉塞感をぶち壊せ。年間、日本の自殺者は三万人を超えている。人生は生きるに値する。この数字が増えたということは、そう思わない人が増えたということを意味している。生きるに値しないという世界をつくって、そこで長生きしてみて、それがどうだというのか。それがどのような世界であれ、世界を創り出しているのは、結局はわれわれ自身なのである。

あとがき

これだけあれこれ書いたのだから、中身については、「あとがき」は不用であろう。ただ、この本のできたいきさつは、書いておく必要があるかもしれない。

この本は二年ほど前に計画した。そもそもの提案は、集英社の椛島良介さんからあった。環境問題で新書を書かないかというのである。具体的には、私が話をして、それを青山聖子さんが原稿に起こすという作業をした。はじめから書き下ろす時間がないことは、わかっていたからである。

青山さんは、これまで口述を原稿に起こす作業をしていただいて、いちばん上手な人だとわかっていた。「日経サイエンス」の連載からできた『ガクモンの壁』の対談シリーズを文章化してくださったのも、青山さんである。とくに理科系の話だと、青山さんは自分が納得するまで書かない。だからわかりやすく、好評だった。この本も、青山さんが細部を詰めて加えてくださった部分がかなりある。

青山さんの原稿はすでにできていたのだが、対談と違って、自分の口述したものは、固定しておく義理がない。対談の中身は変えてしまうわけにいかないが、自分の話なら、いくらでも変えられる。おかげでいかに青山さんが上手だといっても、原稿に手を付け出したら際限がなくなってしまった。ホテルに缶詰になって、数日立て籠もって、結果的にはかなり書き換え、書き加えることになった。

口述だから、文体をもう少し会話に近くしようかとも思った。そうなると、全部に手入れが必要である。どちらかというと、理科系の話だから、会話体にするのは冒険である。その冒険をしてみたかったが、その時間がない。そこがちょっと残念である。もっともそうしたからといって、中身が変わるわけではない。

たまたま本が売れたおかげで、今年はやたらに本を書かされた。もっとも数年前から、「書きます」などと適当にいっていたツケが回ってきただけである。大して売れないと思えば、催促するほうも、それほどきつくはいわない。だからこれまで書かないで延ばしてすんできたが、本が売れたおかげで、それが効かなくなった。宝クジに当たったというので、借金の取り立てが厳しくなったようなものである。私の本がたまたま売れると、ひょっとしたら次も、と思うのであろう。そんなに同じ著者の本が売れるわけはない。ともあれ私にしてみれば、ドサクサ紛れに、いいたいことを、いってしまえ。それでできたのが、この本である。

二〇〇三年十月

養老孟司

養老孟司（ようろう たけし）

一九三七年神奈川県鎌倉市生まれ。東京大学医学部卒業、同大学院博士課程修了。九五年東京大学医学部教授を退官。北里大学教授。東京大学名誉教授。専門は解剖学。二〇〇一年環境省「二一世紀『環の国』づくり会議」委員に。著書に『唯脳論』（青土社）、『形を読む』（培風館）、『バカの壁』（新潮新書）、『養老孟司の〈逆さメガネ〉』（PHP新書）、『からだの見方』（筑摩書房）、『身体の文学史』（新潮社）など社会時評から科学論、文学論まで多数。

いちばん大《だい》事《じ》なこと

集英社新書〇二一九B

二〇〇三年一一月一九日 第一刷発行
二〇二三年 六 月一三日 第二七刷発行

著者……養《よう》老《ろう》孟《たけ》司《し》
発行者……樋口尚也
発行所……株式会社集英社
東京都千代田区一ツ橋二－五－一〇 郵便番号一〇一－八〇五〇
電話 〇三－三二三〇－六三九一（編集部）
〇三－三二三〇－六〇八〇（読者係）
〇三－三二三〇－六三九三（販売部）書店専用

装幀……原 研哉
印刷所……凸版印刷株式会社
製本所……加藤製本株式会社

定価はカバーに表示してあります。

ISBN 978-4-08-720219-9 C0240

Printed in Japan

a pilot of wisdom